捨《す》て犬《いぬ》・未来《みらい》、天国《てんごく》へのメッセージ

今西乃子［著］　浜田一男［写真］

岩崎書店

蘭丸《らんまる》にいちゃんは、
かあちゃんがペットショップでひとめぼれした
コーギー犬だ。

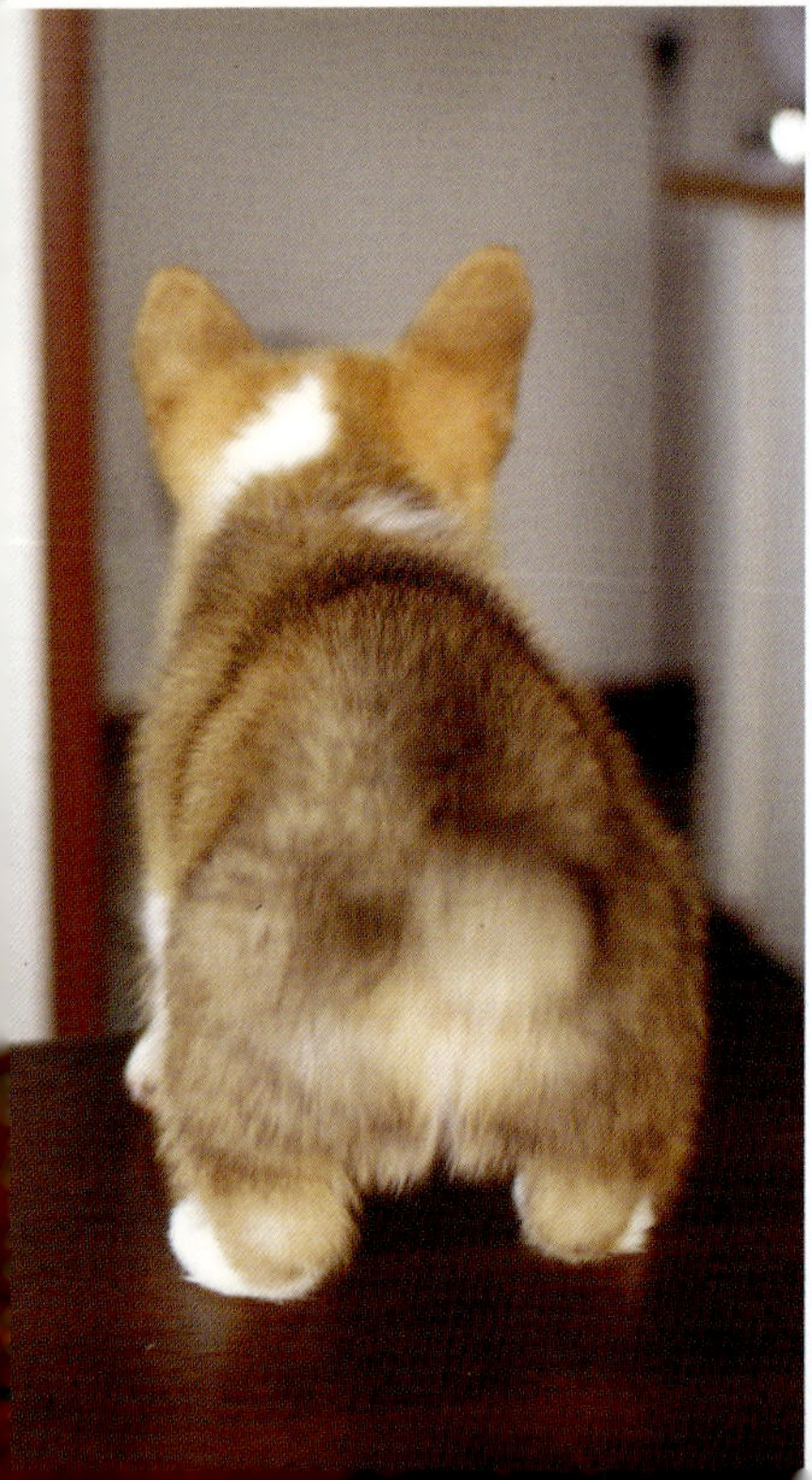

蘭《らん》丸《まる》にいちゃんは、自分を犬と思っていないところがあった。

蘭丸《らんまる》にいちゃんとの暮らしは、ゆかいで快適《かいてき》だった。

わたしは、蘭丸《らんまる》にいちゃんと暮《く》らすことになった。

わたしは、いつも真剣《しんけん》に遊《あそ》んでくれる
蘭丸《らんまる》にいちゃんが大好《だいす》きになった。

捨《す》て犬《いぬ》・未来《みらい》、天国へのメッセージ

◉目次

プロローグ

捨《す》て犬《いぬ》・未来《みらい》のお誕生日《たんじょうび》

わたしの名前は未来《みらい》――！
今年、11歳《さい》になったメスの柴犬《しばいぬ》だ。
犬の11歳は、人間の年齢《ねんれい》で数えると60歳くらいと言われている。
わたしも、そろそろおばあちゃんとよばれる年になったってわけだ。
わたしの11歳のお誕生日会《たんじょうびかい》は大変《たいへん》だった……。
それは、7月7日、おりひめとひこぼしの出会う、七夕《たなばた》の日のことだったた――。
え、どうして、捨《す》て犬《いぬ》だったわたしの生まれた日がわかるのかって？

もちろん、これはわたしが生まれた正確《せいかく》な日じゃない。

うちのかあちゃん（飼《か》い主《ぬし》）が勝手《かって》に、七夕《たなばた》をわたしのお誕生日《たんじょうび》に決《き》めたんだ。

わかっているのは、わたしが生まれたのは11年前の夏の初《はじ》めだということだけ。

まだ子犬だったわたしは、その夏の終《お》わり、原っぱに捨《す》てられていた。わたしの体重《たいじゅう》は1.4キログラムほどだったから、生後1、2ヵ月ほどの赤ちゃんだったのだろう。そのころのことはほとんど何も覚《おぼ》えていない。わかっているのは、その時のわたしが右目にひどい傷《きず》を負《お》い、右後ろ足は足首から下が切られ、左後ろ足も指《ゆび》から先が全部《ぜんぶ》切り取《と》られていたということだけだ。

人間に捨てられたわたしが、その後、たどり着《つ》いたのは動物愛護《どうぶつあいご》センターというところだった。

先に入っていた犬たちが言った――。

「飼《か》い主《ぬし》に捨《す》てられてここに来た犬は、殺《ころ》されちゃうんだ」

わたしはそれを聞いてふるえ上がった。

何も悪《わる》い事《こと》なんてしていないのに、どうして殺されなくちゃいけないんだろう……。

「いやだよ！　わたし絶対《ぜったい》に死《し》にたくない！」

「どんなにさけんだって無理《むり》さ！　ただでさえ、多くの犬が人間に捨てられてここで死んでいくんだ！　お前みたいに大怪我《おおけが》をした犬なんて、人間は見向《みむ》きもしないよ」

「いやだよ！　いやだよ！」

わたしは、必死《ひっし》にさけんだけど、どうすることもできなかった。

そして翌日《よくじつ》、わたしより先にやってきた犬たちは、どこかに連《つ》れて行かれ、二度《にど》ともどってはこなかった。

あの犬たちの声がよみがえった――。

「ここに来た犬は、殺《ころ》される」

わたしも、あの犬たちのように殺されてしまうのだろうか。

わたしは、わたしが入っていた部屋《へや》にかけられたホワイトボードを見た。

ボードには太いマジックで「9／5」と書かれていた。

わたしはすぐにその数字の意味《いみ》を知った。

わたしが生きてここにいられるのは前日《ぜんじつ》の9月4日まで。わたしがここに入れられたのは今日8月30日だから、あと5日間ということだった。

生まれて二ヵ月ほどしか経《た》っていないのに、あと5日で殺されちゃうなんて、一体何のために生まれてきたんだろう、とわたしは思った。

あきらめたくなかった。

必《かなら》ず生きてここを出たかった。わたしたち犬は殺されるために生まれて

愛護センターのケージの中で、人間《にんげん》をもう一度信《しん》じてみようと思った。

きたんじゃない。

生きて人間に幸《しあわ》せにしてもらうために生まれてきたんだ。

人間と仲良《なかよ》くすることだけがわたしの生きる術《すべ》だった。

わたしは、わたしを傷《きず》つけ、捨《す》てた人間のことをうらむことをやめようと思った。

そして人間を、もう一度《いちど》信《しん》じてみようって決《き》めたんだ。

わたしは部屋《へや》の前を通る人間に、何度《なんど》もシッポをふって、近づいていった。

右後ろ足首を切られたわたしの足では、うまく歩くことができなかったけど、それでも力の限《かぎ》り、人間にシッポをふって近寄《ちかよ》り、心の中で思い切りさけんだ。

「助《たす》けて！　死《し》にたくないよ！」

だれもふり向《む》いてくれなかった。さみしかった……。悲《かな》しかった……。

何人の人間が通り過《す》ぎただろう。

何日が過《す》ぎただろう。太陽《たいよう》の光がとどかないこの場所《ばしょ》では、今が朝なのか昼なのか何曜日なのかさえもわからなかった。

やがて、ひとりの女の人が、わたしに近づいてきて、わたしをそっとだきあげてくれた。

「こんにちは！　おちびさん……。おちびさん、もう、安心《あんしん》していいんだよ」

その女の人は、麻里子《まりこ》と名のった。

今までの人間たちとはちがう。麻里子さんは、とてもいいにおいがした。

そのにおいをかいだとたん、わたしのシッポが大きくゆれた。

人間って悪《わる》い人ばかりじゃないな……。

人間を信《しん》じてよかったな……。その時、わたしは本気で人間を信じてみようと思った。

わたしは麻里子《まりこ》さんにだかれ、このセンターを後にした。

9月4日、午後の出来事《できごと》だった。

あと半日おそければ、わたしは真《ま》っ白な骨《ほね》と灰《はい》になっていたはずだ。


外はお日さまの光がまぶしかった――。

風のにおいが、心地よかった――。

あの犬たちも、もう一度《いちど》お日さまの光を浴《あ》びたかっただろう。

風のにおいをかぎたかっただろう。

このセンターで死《し》んでいった「命《いのち》」の分まで、幸《しあわ》せな「未来《みらい》」を生きなくちゃいけないとわたしは思った。

そのわたしの願《ねが》い通り、麻里子さんはわたしに「未来」という名前を授《さず》けてくれた。

人間と犬って心が通じあえるんだなあ……。

わたしは、この名前がとても気に入った――。

麻里子《まりこ》さんの家で3ヵ月を過《す》ごしたわたしは、本当の飼《か》い主《ぬし》さんのもとへ旅立《たびだ》っていくことになった。それが、今いっしょにいるわたしのかあちゃんで、わたしはこの家ですでに飼《か》われていたコーギー犬、蘭丸《らんまる》にいちゃんといっしょに暮《く》らすことになった。

わたしのここでの暮らしが蘭丸にいちゃんと共《とも》に始《はじ》まった――。

蘭丸にいちゃんとの暮らしは、思っていたより、ずっとゆかいで快適《かいてき》だった。

わたしより年が5つも上でおにいちゃんなのに、年下みたいにいつも一歩《いっぽ》下がってわたしの後ろにいたし、かあちゃんのじゃまばっかりして年がら年中、かあちゃんにおこられてる。だから、わたしが悪《わる》さをしても、かあちゃんの雷《かみなり》がわたしに落《お》ちてくることはなかった。

え、なぜって？　そりゃそうだ。おこるって結構《けっこう》エネルギーがいる。人間も、あまりおこってばかりいるとつかれてしまって、おこる気がしなくなるってもんだ――。

海岸《かいがん》の散歩《さんぽ》では、蘭丸《らんまる》にいちゃんの大好《だいす》きなテニスボールをわたしはよく横取《よこど》りして遊《あそ》んだ。蘭丸にいちゃんがカンカンにおこってわたしを追《お》いかけまわすのが楽しくて仕方《しかた》なかった。海岸なら後ろ足が不自由《ふじゆう》なわたしでも、ジャンプして思い切り走ることができる。

蘭丸にいちゃんとの鬼《おに》ごっこも自由自在《じゆうじざい》だ。

わたしは、いつも真剣《しんけん》に遊《あそ》んでくれる蘭丸にいちゃんが大好《だいす》きになった。

こうして蘭丸《らんまる》にいちゃんとのゆかいな生活が始《はじ》まってからは、子犬のころのつらい思い出は遠い出来事《できごと》となって、心の中から消《き》えていった――。

あれから11年が過《す》ぎていた──。

そして、11回目のわたしの誕生日《たんじょうび》がやってきた──。

でも……、蘭丸《らんまる》にいちゃんが、わたしの11回目の誕生日をいっしょにお祝《いわ》いすることはなかった。


「ねえちゃん……、どうして、今年のねえちゃんのお誕生日《たんじょうび》は特別《とくべつ》なの?」

お誕生日の夜、わたしのとなりにいたきららが聞いた。

きららも、わたしとおなじ元捨《す》て犬《いぬ》だ。子犬の時にかあちゃんに助《たす》けられ、6年前からいっしょに暮《く》らしている、わたしの妹分にあたる犬だった。

かあちゃんは、きららの真《ま》っ黒《くろ》い鼻《はな》と、大きく巻《ま》いたシッポがお気に入りだった。

そんなことは、どうでもいいんだけど……。

きららが赤ちゃんでこの家に来た時は、蘭丸にいちゃん、まだすっごく元気だったなあ――。

そのきららが来てからわずか半年《はんとし》が過《す》ぎたころ、蘭丸《らんまる》にいちゃんに、癌《がん》という病気《びょうき》が見つかった。蘭丸にいちゃんがちょうど今のわたしとおなじ年、11歳《さい》のお誕生日をむかえる少し前のことだった。

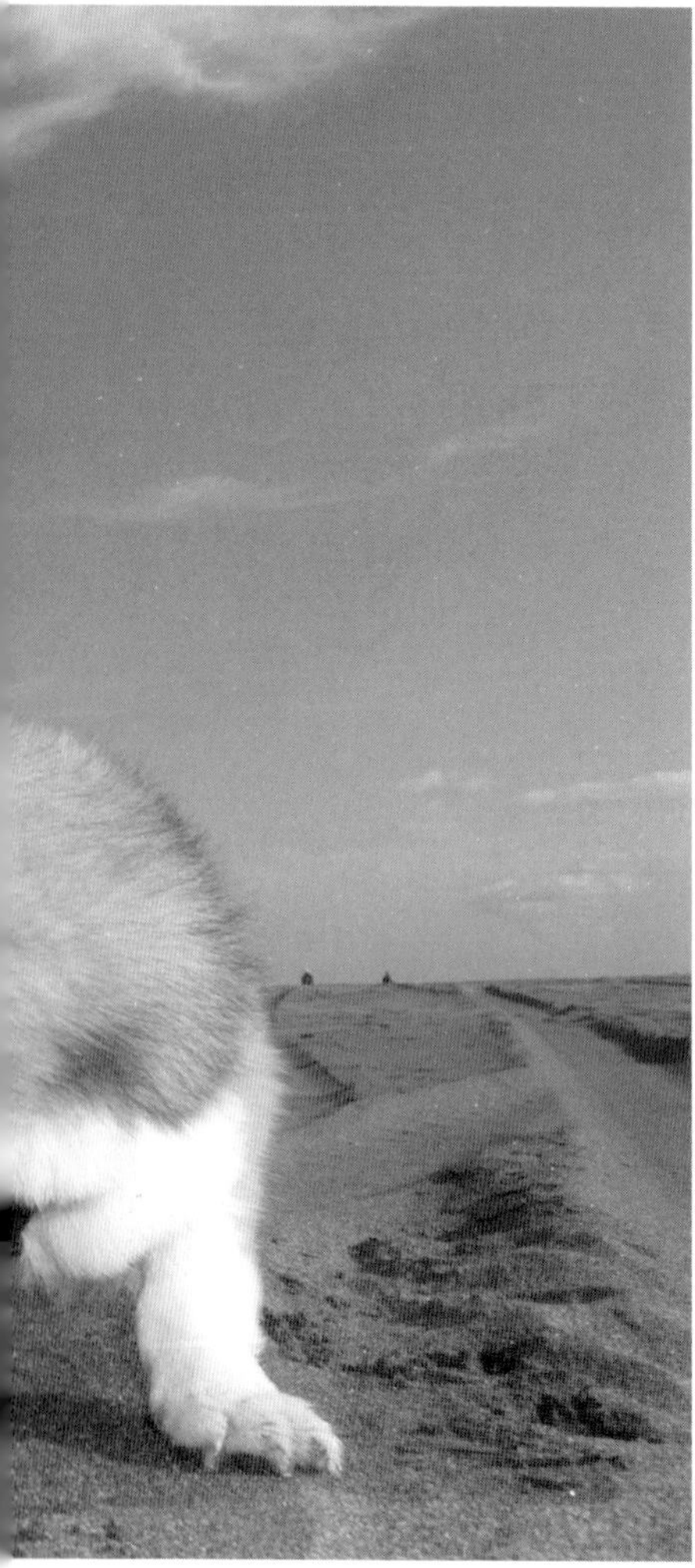

イケメンわんこの蘭丸《らんまる》にいちゃん

蘭丸《らんまる》にいちゃんは、いかにも苦労《くろう》知らずの犬だった。

蘭丸にいちゃんは、かあちゃんがペットショップでひとめぼれした犬で、子犬のころから甘《あま》やかされて育《そだ》てられたせいか、自分を犬と思っていないところがあった。

そのせいかなあ……空気が読めないっていうか、ちょっと頭の回転《かいてん》のよくないところがあった。

見た目も賢《かしこ》そうには見えなかったけど、蘭丸にいちゃんは、かあちゃんがひとめぼれしただけあって、恐《おそ》ろしくきれいな顔をしていた。いわゆる

イケメンわんこってやつだ。

なるほど、そういえば、織田信長《おだのぶなが》に仕《つか》えた森蘭丸《もりらんまる》って武士《ぶし》も美少年《びしょうねん》だったって、かあちゃんが言ってたっけ？　蘭丸《らんまる》と名づけたわけが納得《なっとく》できた。

顔はきれいだったが、コーギーって犬はえらくバランスの悪《わる》い体型《たいけい》をしていた。

足がすっごく短《みじか》くて、体がボンレスハムみたいにまるまるしていて、シッポがボンボリみたいに丸っこくてシッポらしいシッポがないからだ。

走り方は、ウサギみたいだし、格好《かっこう》だけ見ていると巨大《きょだい》ハムスターのように見える。

まあ、犬の種類《しゅるい》は７００種類《しゅるい》以上《いじょう》ともいわれるから、その中にはコーギーみたいな犬もいるんだろう――。

蘭丸にいちゃんって犬は、散歩《さんぽ》で他《ほか》の犬に会っても、そこには誰《だれ》もいないかのように知らん顔。おしりのにおいをかいで相手《あいて》を確《たし》かめる犬独特《いぬどくとく》のあいさつもなし。公園でみんなが遊《あそ》んでいても、かあちゃんに大好《だいす》きなテニスボールを投《な》げてもらって、それを追《お》いかけることにしか興味《きょうみ》を示《しめ》さなかった。犬とは一切《いっさい》、目も合わさなければ、関《かか》わろうともしない。

たしかにイケメンわんこだったが、蘭丸《らんまる》にいちゃんはかなり変《か》わり者《もの》の犬だった。

わたしが一番びっくりしたことと言えば、わたしのボーイフレンド、ジャーマンシェパード（シェパード犬）のアトム君《くん》のおなかの下をトコトコと何食《なにく》わぬ顔で通りぬけた時のことだ。

え、おなかの下を通りぬけるってどういうこと？

つまり、足が極端《きょくたん》に短《みじか》い蘭丸にいちゃんは、大型犬《おおがたけん》のアトム君のおなかの下なら、すたすたと歩いて通りぬけることができる。で、本当に通りぬけちゃったんだ。

シェパード犬のおなかの下を通りぬけるなんて、ふつうの犬ならこわくてできない。

でも蘭丸《らんまる》にいちゃんはこういうことを平気《へいき》でやっちゃうから、他《ほか》の犬たちも「ドン引き」だ！　アトム君《くん》も蘭丸にいちゃんのあまりにも意外《いがい》な行《こう》動《どう》に、おこるのも忘《わす》れてやり過《す》ごしてしまった。

そのうち、蘭丸にいちゃんはアトム君に会うたびに、あいさつもしないで、アトム君のおなかの下を知らん顔で通りぬけて「トンネルごっこ」をするようになった。しかし、アトム君も他《ほか》の犬もまるで無視《むし》。他の犬とは絶対《ぜったい》に遊《あそ》ばなかったから、みんなも蘭丸にいちゃんのことは全《まった》く相手《あいて》にしなくなっていた。おたがい無視で、どんなに近くにいても目も合わさないから、けんかにすら発展《はってん》しない。なんとも奇妙《きみょう》で不思議《ふしぎ》な関係《かんけい》だった。

そんなわけで、友だちはだれひとりとしていなかったから、家族《かぞく》であるわたしが唯一《ゆいいつ》、蘭丸にいちゃんと遊《あそ》べる犬といったところだろう。

とにかく犬はきらいで、人間（特《とく》にかあちゃん）が大好《だいす》き！　これが蘭《らん》丸《まる》にいちゃんという犬だった。

いたずらも、飼《か》い主《ぬし》の見ていないすきにかくれてやるのがふつうなのに、蘭《らん》丸《まる》にいちゃんは、わざとかあちゃんにおこられるようなことばかりを毎日毎日あきずにやる。

どんないたずらかって——？　聞いてあきれるようなワンパターンないたずらばかりだ。

まず——、蘭丸にいちゃんのいたずらは、朝、かあちゃんがお米を研《と》ぐことから始《はじ》まる。

蘭丸にいちゃんはどういうわけか、米びつからお米をボールに移《うつ》す時に出る「シャラシャラーッ」というお米が落《お》ちる音にえらく興奮《こうふん》するんだ。そのほえようといったら、たまったもんじゃない。さんざんほえた後には、かあちゃんの足を自分の足でふみつけ、米びつから流《なが》れ出るお米を食べようとするもんだから、朝からわが家《や》は大《おお》騒《そう》動《どう》だ。かあちゃんは怒《ど》鳴《な》りまくり、おこりまくりで、そのせいか、家事《かじ》の中でかあちゃんは米研《と》ぎが一番ゆううつだと言っていた。

「かあちゃん！　朝からご近所《きんじょ》の迷惑《めいわく》だよ！」

そう言いたかったけど、米研《と》ぎ戦争中《せんそうちゅう》のかあちゃんはおっかなくって、そばに近づくこともできない。

かあちゃんも蘭丸《らんまる》にいちゃんがじゃまをするのがわかっているので、そーっと台所《だいどころ》に行って蘭丸にいちゃんの見ていないうちにお米を研ごうとするのだが、どういうわけか、蘭丸にいちゃんはそれを見ぬいて、先まわりして米びつの前でまっている。

お米を研ぐ時間を変《か》えてもダメ。お米の置《お》き場所《ばしょ》を変《か》えてもダメ。かあちゃんが「ご飯《はん》を炊《た》こう」と考えた瞬間《しゅんかん》、蘭丸にいちゃんは米びつの前に座《すわ》って、かあちゃんをまっている。

そういった点では、飼《か》い主《ぬし》と犬は以心伝心《いしんでんしん》、心が通じてるってことだけど……。

こんなことで心が通じたって、何の得《とく》にもならないなあ、とわたしは思った。

そんな蘭丸《らんまる》にいちゃんだったけれど、蘭丸にいちゃんが10歳《さい》の時に妹分《いもうとぶん》のきららがわが家《や》に来てからは、少々事情《じじょう》が変《か》わった。

いたずらして大興奮《だいこうふん》の末《すえ》、ワンワンほえる蘭丸にいちゃんの背中《せなか》に、きららが興奮して、飛《と》びつくようになった。もちろん、これは、けんかじゃなくて遊《あそ》びだ。

簡単《かんたん》に説明《せつめい》すると、「かあちゃんのじゃまをしている蘭丸にいちゃんをじゃまする」というのがきららのいたずらというわけだ。

こうなると、かあちゃんの仕事《しごと》をじゃまする蘭丸にいちゃんをきららがじゃまして、そのきららをかあちゃんがどなりちらすという三《み》つ巴《どもえ》の戦《たたか》いに発展《はってん》してしまうのだ。

朝からけたたましくて、見ている方は頭がガンガンする。

まだ眠気《ねむけ》が覚《さ》めないうちから迷惑《めいわく》な話だ。

仕方《しかた》なく、わたしは飼い主のとうちゃんと、朝の「おめざ（目を覚ますために食べるおいしいお菓子《かし》）」を食べながら、三《み》つ巴《どもえ》の戦《たたか》いを毎日見学することになったが、蘭丸《らんまる》にいちゃんときららが参戦《さんせん》しているおかげで、とうちゃんがくれる「おめざ」を独《ひと》り占《じ》めすることができた。

それにしても、かあちゃんのじゃまばかりして、よくつかれないな。

蘭丸にいちゃんがする仕事《しごと》のじゃまは、お米だけじゃなかった。かあちゃんが観葉植物《かんようしょくぶつ》に水をあげようとジョウロを持《も》ったとたん、観葉植物の前に行ってワンワンほえて、水やりのじゃまをする。そのうちジョウロどころか、水をあげなきゃとかあちゃんが考えただけで、蘭丸にいちゃんはその観葉植物の前にいる。そしてそこにきららが乱入《らんにゅう》……。他《ほか》にもまだある。

かあちゃんが冷蔵庫《れいぞうこ》の中にあったお菓子《かし》を食べようかなと立ちあがっただけで、蘭丸《らんまる》にいちゃんは冷蔵庫《れいぞうこ》の前に先まわりしているほどだ。そしてたきららが蘭丸にいちゃんの背中《せなか》に飛《と》びついて乱入《らんにゅう》――。もっともやっかいなのは掃除機《そうじき》。掃除機を敵《てき》だと思っているのか、つばをガンガン飛《と》ばしながら掃除機にかみつくので、掃除機の先っぽは蘭丸にいちゃんの歯型《はがた》がついてボロボロだ。その後ろではこれまたきららが蘭丸にいちゃんの背中《せなか》に飛《と》びつくという始末《しまつ》……。

そんなことしてもおなかが減《へ》るだけなのに、何が楽しいんだろう。

ひとつ感心《かんしん》したのは、わたしより長い間かあちゃんといっしょにいる蘭丸にいちゃんには、かあちゃんの行動《こうどう》がすべて予知《よち》できて、先まわりできる、ということだ。

これにはわたしもきららもかなわなかった。

かあちゃんもその点だけは認《みと》めていたが、その先まわりがあだになっているもんだから、ありがたいわけがない。かあちゃんいわく、蘭丸《らんまる》にいちゃんって犬は、「飼《か》い主《ぬし》が、これだけは絶対《ぜったい》にしないでおくれ！」ということを、必《かなら》ずやらかしてくれる「どうしようもないダメ犬」で、逆《ぎゃく》に、わたしって犬は「飼い主が、これだけは失敗《しっぱい》せずに上手《じょうず》にやってね」ということをきっちりこなす「賢《かしこ》い犬」だという。

とはいえ、わたしもいたずらは大好《だいす》きだ。ただ、いたずらのやり方が蘭丸にいちゃんとはちがう。

わたしは蘭丸にいちゃんに教えてやりたかった。

「いたずらってのは、ちゃんと考えてやるもんだよ！」

そう言いながら、わたしはかあちゃんのスリッパをくわえた。

かあちゃんの留守中《るすちゅう》に、じっくりかあちゃんのスリッパを破壊《はかい》するとしよう！

すると、まだ子犬だったきららが、わたしを見て言った。

「ねえちゃん……かあちゃんのスリッパこわしちゃったら、蘭丸《らんまる》にいちゃんみたく、雷《かみなり》を落《お》とされるよ」

わたしはきららを無視《むし》して、スリッパをカミカミした。

「ねえちゃん……」

きららが心配《しんぱい》そうにきくので、わたしは面倒《めんどう》くさそうに、スリッパをくわえたまま言った。

「こんなもんこわしても、かあちゃんはおこらないよ！」

「そうなの？　……じゃあ、わたしも何《なに》か、カミカミしたい！　うーんと……。あのソファにある熊《くま》のぬいぐるみさん、カミカミしてもいいかなあ……」

それを聞いて、わたしはあわててきららを止めた。

「あんた、あのぬいぐるみはテディベアって言って、えらくかあちゃんが大切にしてるもんだよ。あんなもんカミカミした日には、あんたぶっ飛《と》ばされるよ！」

きららはまだわかっちゃいなかった——。

わたしはかあちゃんが本当に大切にしてるものには絶対《ぜったい》にいたずらしない——。まして、かあちゃんの仕事《しごと》のじゃまなんて絶対の絶対にやらない——。ちゃんと「選《えら》んでいたずらしている」からおこられたりしないんだ。

ここがわたしと蘭丸《らんまる》にいちゃんの大きなちがいだった。

おなじいたずらでも、わたしのいたずらはかあちゃんにとっては「かわいいいたずら」で蘭丸にいちゃんのいたずらは「腹《はら》が立ついたずら」となるらしい。

だから、かあちゃんの雷《かみなり》はいつも蘭丸にいちゃんに直撃《ちょくげき》する、というわけだ。

人間ってのは、複雑《ふくざつ》で、時に面倒《めんどう》くさい生《い》き物《もの》だ。

わたしは、すでにボロボロになったスリッパをくわえると、きららに向《む》かってほうり投《な》げ、「あんたも上手ないたずらを、今のうちに勉強《べんきょう》しなよ」と言った。

きららがスリッパを前足でかかえてカミカミしながら「はい！　ねえちゃん」と言った。

そのうち、きららはカミカミにあきたのか、ボロボロになったスリッパを玄関《げんかん》に置《お》いたまま、わたしのとなりにやってきて、お昼寝《ひるね》を始《はじ》めた。

玄関を見ると、蘭丸《らんまる》にいちゃんが、そのスリッパの上にあごをのせて、かあちゃんの帰りをまっている。

蘭丸にいちゃん、本当にかあちゃんのにおいが好《す》きなんだなあ……。

たぶん……このままじゃ、蘭丸にいちゃんが犯人《はんにん》にされるだろうけど、スリッパなんてもう何十個《なんじっこ》とこわされてるんだから、大《たい》したことないだろうと、わたしは思った。

ワン！＝ポロン

「蘭丸《らんまる》のおしりがくさい！」と、かあちゃんがさわぎはじめたのは、蘭丸にいちゃんが11歳《さい》になる年の春先《はるさき》だった。

「そろそろ年だし、うんちのキレが悪《わる》くなっただけじゃないの」

かあちゃんの心配《しんぱい》をよそに、とうちゃんは首をかしげるだけだった。

そういえば、そのころの蘭丸にいちゃんは、よくおしりにうんちをつけて散歩《さんぽ》から帰ってきたっけ。かあちゃんにおしりをきれいにふいてもらってもにおいが残《のこ》っていたのだろう。

とうちゃんは、そう考えて気にもしていなかったが、かあちゃんはどうも納得《なっとく》いかないようだ。

かあちゃんが蘭丸《らんまる》にいちゃんのおしりのにおいに敏感《びんかん》なのにはわけがある。

蘭丸にいちゃんは毎晩《まいばん》、かあちゃんのベッドでかあちゃんといっしょに寝《ね》ていたからだ。

ついでに言うと、蘭丸にいちゃんはねる時に、かあちゃんの顔の上に自分のおしりをのせてねる変《へん》なくせがある。かあちゃんも、どければいいのに喜《よろこ》んで蘭丸にいちゃんのおしりに顔をくっつけて朝までねているから、変《へん》な犬と飼《か》い主《ぬし》だ。

よく犬のおしりを顔の上にのせられて平気《へいき》でいるな……。

とにかくそんなだったから、かあちゃんは蘭丸にいちゃんのおしりがくさいとだれよりも早く気がついたのだろう。

それからしばらくして、かあちゃんは、わたしもいつもお世話《せわ》になっている獣医《じゅうい》さん、田口博《たぐちひろし》先生のところに蘭丸《らんまる》にいちゃんを連《つ》れて行った。

「肛門腺《こうもんせん》がたまっているみたいですから、しぼって様子《ようす》を見ましょう」

肛門腺《こうもんせん》ってのは、分泌物《ぶんぴつぶつ》が入ったおしりの穴《あな》の左右《さゆう》にひとつずつある袋《ふくろ》のことだ。時計の針《はり》でたとえると4時付近《ふきん》と8時付近《ふきん》に穴があいていて、そこから分泌物が出て、この液《えき》がたまると、おしりが気もち悪《わる》くなったり、炎症《えんしょう》を起《お》こしたりする。

うんちをする時にふつうはいっしょに出るのだが、犬によっては、その分泌物がスムーズに出ずにたまってしまう。そうなると、人間の手によって出してもらうより他《ほか》ない。

わたしも何度《なんど》かこの肛門腺がたまって、田口先生《たぐちせんせい》のお世話《せわ》になったことがある。

おしりの穴の横《よこ》の腺をぴゅーっとしぼられちゃったんだ……。そりゃ、もう不愉快極《ふゆかいきわ》まりない。すると、くさいかに味噌《みそ》みたいなドロドロした液《えき》がドドドッと出てきた。

でも、その後《あと》はおしりもさっぱりして、すっきりだ。

蘭丸《らんまる》にいちゃんも、肛門腺《こうもんせん》のせいでうんちのキレが悪《わる》く、おしりがくさかったのかもしれない。

そんなわけで、田口先生《たぐちせんせい》に肛門腺をしぼってもらって一件落着《いっけんらくちゃく》かと思った。しかし、それからしばらく過《す》ぎたあと、かあちゃんはまたしても「おしりがくさい」と言い出した。

「また肛門腺？」

とうちゃんが言うと、かあちゃんは首をブンブンふって「ちがう」と断言《だんげん》した。

「酸《す》っぱいような……、とにかく、蘭丸のおしりが変《へん》！　絶対《ぜったい》、変！」と言いはったんだ。

かあちゃんがそう言い続《つづ》けるので、蘭丸にいちゃんは、また田口先生のところへ連《つ》れて行かれることになった。

かあちゃんの剣幕《けんまく》にさすがの田口先生も、気になったようだ。先生はゴム手袋《てぶくろ》をはめると、蘭丸《らんまる》にいちゃんのおしりの穴《あな》に指《ゆび》をつっこんで、ぐりぐりと中をさわった。瞬間《しゅんかん》、先生の顔がかたくなった。

かあちゃんが心配《しんぱい》そうに「何か他《ほか》の原因《げんいん》があるんですか」と聞いた。

先生は「うーん……」と言い、しばらくして蘭丸にいちゃんのおしりをながめた後に「肛門《こうもん》の中で何かひっかかるので腫瘍《しゅよう》があるのかもしれません」と言った。

それは、かなり小さなおできみたいなものらしい。

「これは、ふつうは気づかないでしょう……ただ……ぼくは手術《しゅじゅつ》して取《と》った方がいいと思います」

「何か悪《わる》い病気《びょうき》ですか？」

「それは、今の段階《だんかい》ではわかりませんが……、ぼくはちょっといやな予感《よかん》がするなあ」

先生は、首をひねって言った。

かあちゃんは田口先生《たぐちせんせい》をとても信頼《しんらい》している。そして先生にすべてをまかせることにしたんだ。

「手術《しゅじゅつ》をして腫瘍《しゅよう》を取り出したら、それを検査《けんさ》にまわしたいと思いますが、いいですか？」

田口先生が言うには、蘭丸《らんまる》にいちゃんのおしりのおできは、もしかしたら悪《わる》いおできである「癌《がん》」の可能性《かのうせい》があるというのだ。これをはっきりさせるためには、手術で取《と》ったおできを別《べつ》の病院に送《おく》って検査《けんさ》してもらうしか方法《ほうほう》がないという。

かあちゃんがいやというはずがなかった。

こうして、ゴールデンウィークが終《お》わるころ、蘭丸にいちゃんは手術を受《う》けることになった。手術は無事成功《ぶじせいこう》。三日ばかり入院《にゅういん》した後《あと》に、蘭丸にいちゃんは何事《なにごと》もなかったように、ワンワンほえて、元気に家に帰ってきた。

あとは取《と》ったおできの検査《けんさ》の結果《けっか》をまつだけだ。結果は一週間から10日ほどでわかるという。

「おかえりー！」

わたしは家にもどってきた蘭丸《らんまる》にいちゃんのおしりのにおいをクンクンかいだ。

それを見ていたきららもわたしのまねをして、クンクンした。

「にいちゃん！　おしりにぽっかり穴があいたみたいだね……」

見ると蘭丸にいちゃんのおしりの穴《あな》が大きく見える。

田口先生《たぐちせんせい》の話によると、蘭丸にいちゃんのおできは無事《ぶじ》切り取ることができた。でも、その時《とき》に肛門括約筋《こうもんかつやくきん》という筋肉《きんにく》を5分の2ほどいっしょに切り取ることになったという。

肛門括約筋《こうもんかつやくきん》とはうんちをする時に、おしりの穴《あな》を開《あ》けたり閉《し》めたりする筋肉《きんにく》のことだ。

この筋肉がうまく働《はたら》かないと、うんちがもれやすくなったりするから、大切な筋肉なんだなあとわたしは思った。

その筋肉を5分の2ほど切り取《と》った蘭丸《らんまる》にいちゃん……うんち大丈夫《だいじょうぶ》かな……。

心配《しんぱい》していた通り、蘭丸にいちゃんはそれからうんちをポロン、ポロンと家の中でもこぼすようになった。

特《とく》に、ほえた時にはおなかに力が入るせいか、ワン＝ポロンというような具合《ぐあい》だ。

そのたびにかあちゃんはうんちを拾《ひろ》って歩いていた。

それでも蘭丸《らんまる》にいちゃんは元気いっぱいだった。

いたずらもワンパターンで、相変《あいか》わらずかあちゃんにおこられていた。

おできの手術《しゅじゅつ》が終《お》わってからも、それは全《まった》く以前《いぜん》と変わらなかったが、ある日を境《さかい》にかあちゃんは蘭丸にいちゃんがどんなにいたずらをしてもおこらなくなった。

「かあちゃん！　さすがにエネルギー切れかあ……」

蘭丸《らんまる》にいちゃんがかあちゃんにおこられる姿《すがた》をとなりで見ていたわたしはそう思った。

すると、きららがこんなことを言い出した。

「かあちゃん……この前、電話しながら泣《な》いてたよ……」

「……電話、だれから？」

「わかんないけど……蘭丸にいちゃんの名前を

かあちゃん言ってた……」

そうか……。そうだったんだ……。

かあちゃんが蘭丸にいちゃんをおこらなくなったのは、その電話が原因《げんいん》だった。

その電話は、手術《しゅじゅつ》から一週間が過《す》ぎたころにかかってきた。電話は田口《たぐち》先生《せんせい》からで、蘭丸にいちゃんが手術《しゅじゅつ》で取《と》ったおできがどんな種類《しゅるい》のおできだったのか、結果《けっか》を伝《つた》えたのだろう。

いやな予感《よかん》がした。

「かあちゃん……泣《な》いてたんだね……？」

わたしはきららに聞いた。

「……うん……電話を切った後も、しばらく泣いてたよ……」

蘭丸《らんまる》にいちゃんのおできは悪《わる》いおできで「癌《がん》」だ、とわたしは確信《かくしん》した。

それで、かあちゃんは泣いていたんだ……。

「ねえちゃん、蘭丸《らんまる》にいちゃんの病気《びょうき》、悪いの？」

「たぶん……だから、かあちゃん、蘭丸にいちゃんがいたずらしてもおこらなくなったんだ……」

「どうして？　病気と、いたずらって関係《かんけい》あるの？」

まだ一歳《さい》になっていなかったきららには、飼《か》い主《ぬし》の気もちがわからないだろうなあ、とわたしは思った。

やっぱりお散歩《さんぽ》！

蘭丸《らんまる》にいちゃんがおできの手術《しゅじゅつ》を受《う》けてから一ヵ月が過《す》ぎた。

うんちがおしりからこぼれるのは相変《あいか》わらずだったが、わたしは蘭丸にいちゃんと海岸《かいがん》で鬼《おに》ごっこをしていつもの通り遊《あそ》べたし、きららもそれに加《くわ》わって、蘭丸にいちゃんはすっかり元気になったように見えた。

ひとつちがうのは、蘭丸にいちゃんがいたずらしても、かあちゃんがおこらなくなったこと。

もっと正確《せいかく》に言えば、いたずらをする蘭丸にいちゃんを見て、かあちゃんはおこるどころか、ほっとしたようだった。

蘭丸《らんまる》、まだいたずらをしてくれる元気があるんだね。かあちゃんうれしいよ!

かあちゃんは、その年の6月10日、蘭丸《らんまる》にいちゃんの11歳《さい》のお誕生日《たんじょうび》にたくさんのご馳走《ちそう》を準備《じゅんび》した。

蘭丸にいちゃんは、ペットショップで売られていた犬なので、捨《す》てられたわたしやきららとちがってお誕生日がはっきりとわかっている。

お誕生日会には、わたしの大好物《だいこうぶつ》のローストビーフはもちろん、蘭丸にいちゃんの大《だい》好《す》きなお刺身《さしみ》がたくさん並《なら》んだ。蘭丸にいちゃんのお気に入りはマグロのお刺身で、塩分《えんぶん》が大敵《たいてき》なわたしたち犬は、お醤油《しょうゆ》をつけないでそのまま食べるのが習慣《しゅうかん》になっていた。

ついでに言うと、きららの大好物もマグロのお刺身だ。

「蘭丸にいちゃんおめでとう!」

わたしは言ったけど、目はローストビーフにくぎづけだ。

かあちゃんに「まて」と言われて、おヨダ（ヨダレ）がぽたぽた落《お》ちた。

本当に大変《たいへん》なご馳走《ちそう》だった。

かあちゃんは、ご馳走の理由《りゆう》を、蘭丸《らんまる》にいちゃんが手術《しゅじゅつ》をがんばったご褒美《ほうび》だって言ったけど、本当の理由はそれだけじゃなかった。


蘭丸……来年もいっしょに元気でお誕生日《たんじょうび》お祝《いわ》いしようね……約束《やくそく》だよ

当たり前のことなのに、どうしてこんなこと言うんだろう。

わたしにはかあちゃんのこの言葉《ことば》が気がかりだった。

お誕生日からしばらくたった夏の初《はじ》め、蘭丸にいちゃんは右後ろ足を引きずるようになった。暑《あつ》さも手伝《てつだ》ってか、ハアハア言って、あまり散歩《さんぽ》も

行きたがらなくなった。

わたしがこの家に来た時には、蘭丸《らんまる》にいちゃんは、毎日海岸《かいがん》を8キロも散歩《さんぽ》していたんだから、この変化《へんか》にはびっくりだ。

不安《ふあん》いっぱいのかあちゃんに連《つ》れられて、蘭丸にいちゃんは、またしても田口先生《たぐちせんせい》のところに行くことになった。

原因《げんいん》は「変性性脊髄症《へんせいせいせきずいしょう》」という「癌《がん》」とは別《べつ》の病気《びょうき》だった――。

これは脊髄がおかされ、やがて足がマヒして動《うご》かなくなり、呼吸《こきゅう》も止まってしまうおそろしい病気《びょうき》で原因《げんいん》はわかっていない。ただ、わかっているのはコーギー犬に多く見られる病気だと言うことだけだった。

「ねえちゃん、にいちゃんは癌っていう悪《わる》いおできの病気《びょうき》じゃなかったの？」

「それとはちがう病気にもかかっちゃったんだよ……」

「蘭丸にいちゃん、どうなっちゃうの？」

きららが心配《しんぱい》そうにきくので、わたしは「わからない」と答えた。

それはかあちゃんも同じだった。

この一年間でどうして、どんどん病気《びょうき》になっていくのか、かあちゃんにもとうちゃんにもわからないことだらけ。ただわかっているのは蘭丸《らんまる》にいちゃんがふたつの大きな病気におかされたってことだけだった。


お盆《ぼん》をむかえるころには、蘭丸にいちゃんの右後ろ足はだんだん動《うご》かなくなっていった。

最初《さいしょ》は少し引きずる程度《ていど》だったが、足が上がらなくなったので散歩《さんぽ》の時にこすれて血《ち》が出るようになった。かあちゃんは包帯《ほうたい》で足をまいて、その上から靴下《くつした》をはかせて傷《きず》ができないように工夫《くふう》した。

わたしときららはいつものように海岸《かいがん》に散歩に行っていたけれど、蘭丸にいちゃんはもう、大好《だいす》きな海岸まで自分で歩くことはできなかった。

蘭丸《らんまる》にいちゃんは、自宅《じたく》のまわりを少し歩くのがやっとだった。足がどんなに不自由《ふじゆう》になっても、蘭丸にいちゃんはボール遊《あそ》びが大好《だいす》きだった。

かあちゃんに「ボール投《な》げて」と何度《なんど》も、ボールをかあちゃんの足もとに運《はこ》んだ。

かあちゃんが泣《な》きながら蘭丸にいちゃんをだきしめていた。

蘭丸にいちゃんは、もう走ることができなくなったんだ……。

かあちゃんが「蘭丸……もうボールできないんだよ……」と言っても蘭丸にいちゃんは言うことを聞かず、ボールを何度も何度も持《も》ってきて、「ボール投げて!」とほえた。

わたしももう、蘭丸にいちゃんのボールを取って遊《あそ》ぶ鬼《おに》ごっこはできなくなっちゃったんだ……。

蘭丸にいちゃんが鼻《はな》でつついたボールがコロコロとわたしのところに転《ころ》

がってきた。

わたしは、それを前足でつついて蘭丸《らんまる》にいちゃんのところに転《ころ》がした。

蘭丸にいちゃんがとてもうれしそうな顔でわたしを見ていた。

そして蘭丸にいちゃんは、そのボールをかあちゃんの足もとに鼻《はな》で転がした。

かあちゃんの足もとに転がったボールを見ていると、妙《みょう》に悲《かな》しくなった。

やがて、右後ろ足が完全《かんぜん》にマヒして動《うご》かなくなると、すぐに左後ろ足も動《うご》かなくなってしまった。

蘭丸にいちゃんは前足《あし》だけで、家の中を移動《いどう》した。

それでも蘭丸にいちゃんは笑顔《えがお》いっぱいでかあちゃんの後ろをくっついて回っていた。

かあちゃんがお米を研《と》ぐ時には、ほふく前進《ぜんしん》さながら、するすると後ろ足を引きずり、前足《まえあし》だけで歩いて米びつの前に来てはほえて、かあちゃんのじゃまをした。

うんちが蘭丸《らんまる》にいちゃんのおしりからポロンと落《お》ちた。

かあちゃんは、そんな蘭丸にいちゃんを笑顔《えがお》でなでていた。

きららも、もう米びつの前でほえる蘭丸にいちゃんの背中《せなか》に飛《と》びついていこうとはしなかった。わたしは、きららといっしょに蘭丸にいちゃんをそっと見守《みまも》った。

後ろ足が完全《かんぜん》にマヒしても、蘭丸にいちゃんは、とことん明るく元気そうに見えた。

元気でよく動《うご》きまわる分、蘭丸にいちゃんの動《うご》かない足に巻《ま》いた包帯《ほうたい》も靴下《くつした》もすぐに汚《よご》れてしまった。

一番大変《たいへん》なのは、家でおしっこをした時だ。おしっこをした後《あと》、するす

るとその上を歩くので、靴下《くつした》も包帯《ほうたい》もあっと言う間に汚《よご》れてしまう。その
たびに全部《ぜんぶ》を取《と》りかえるのは大変《たいへん》そうだった。かあちゃんは、そんな仕事《しごと》
をもくもくとこなした。
いつのころからか、かあちゃんの雷《かみなり》はすっかり消《き》えてなくなり、代《か》わ
りにかあちゃんの心は雨模様《あめもよう》一色となっていった。
かあちゃんの元気がどんどんなくなっていって、よく泣《な》くようになった
んだ……。
心配《しんぱい》ごとも後《あと》を絶《た》たなかった。
何《なに》よりかあちゃんがなやんでいたのは、蘭丸《らんまる》にいちゃんのお散歩《さんぽ》だった。
後ろ足が悪《わる》いのはわたしもおなじだけど、わたしの場合は足の神経《しんけい》がマ
ヒしているわけじゃないから海岸《かいがん》や芝生《しばふ》の上なら軽快《けいかい》に歩くことができた。
だから、アスファルトの道はとうちゃんにだっこしてもらうか、乳母車《うばぐるま》に
のって、海岸に到着《とうちゃく》してから歩いたり、走ったりできたけど……。今の蘭《らん》

丸《まる》にいちゃんはもう自分の足で歩くことも走ることもできなかった。

お散歩《さんぽ》ができないなんて、わたしたち犬にとってこんなに悲《かな》しい事《こと》ってない。

蘭丸にいちゃんだって、どんなに足が不自由《ふじゆう》でもきっとお日さまをたくさん浴《あ》びて走りまわりたいだろう。

「かあちゃん！　何とかならないの……」

すでに後ろ足が切られてしまったわたしにとって、足が不自由になることは他人事《たにんごと》ではなかった。

何とかしてあげたい。もう一度《いちど》、蘭丸にいちゃんを歩かせてあげたい。走らせてあげたい

その思いはかあちゃんも同じだったようだ。

かあちゃんはとうちゃんと相談《そうだん》して、蘭丸《らんまる》にいちゃんにとって何が一番いいのか、一所懸命《いっしょけんめい》考えていた。

もうひとつの後《うし》ろ足

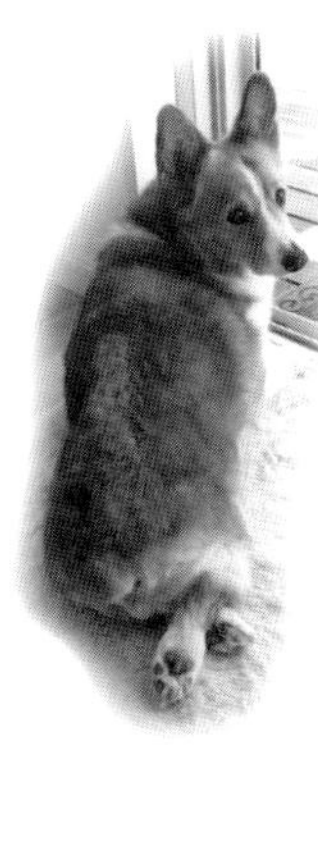

モミジの葉《は》っぱが真《ま》っ赤《か》になる季節《きせつ》がやってきた。

このころのお散歩《さんぽ》は犬のわたしたちにとって一番快適《かいてき》だ。

もう一度《いちど》、蘭丸《らんまる》にいちゃんが歩けるように……。

かあちゃんはとうちゃんと相談《そうだん》して、蘭丸にいちゃん専用《せんよう》の車いすをオーダーメイドすることにした。

車いすなんて、なんだかワクワクだ！

「蘭丸にいちゃん、またお散歩行けるようになるかな？」

きららが心配《しんぱい》そうにきくので「大丈夫《だいじょうぶ》！　きっと歩けるようになるよ。

そう信《しん》じるんだ！」

信じるしかない──。わたしはきららに言うと、自分自身《じぶんじしん》にもそう言い聞かせた。

ふと蘭丸《らんまる》にいちゃんを見ると、じっとベランダから外を見ている。

きっと、また走りたいんだろうなあ……。

それから一ヵ月が過《す》ぎたクリスマスイブの夜、蘭丸にいちゃん専用《せんよう》の車いすが、ついに宅配便《たくはいびん》でとどいた！

蘭丸にいちゃんにとっては最高《さいこう》のクリスマスプレゼントだ。

あれ？　それにしても、わたしたちのプレゼントはどこだっけ？

まあ、そんなことはこのさいどうでもいい。

「かあちゃん！　早く開《あ》けて見せてよ！」

わたしがシッポをブンブンふって、段《だん》ボール箱《ばこ》をのぞいていると、きららもやって来てシッポをふった。

蘭丸にいちゃんはわれ関《かん》せず、かあちゃんの足をなめている。

にいちゃん！　興奮《こうふん》するなら米びつより、こっちじゃないかなあ……。

わたしは、蘭丸《らんまる》にいちゃんに言ったけど、知らん顔だ。

そして……、段《だん》ボール箱《ばこ》から出てきたのは、オレンジやピンクのパステルカラーでぬられたかわいらしい車いすだった。

「かあちゃん！　この車いす、すっごくイケてるね！」

わたしはジャンプしてシッポをふった。

それもそのはずだ。蘭丸にいちゃんに少しでも元気になってもらおうと、かあちゃんは明るい色使《いろづか》いの車いすを「犬専用《せんよう》の車いすやさん」にたのんだんだ。

タイヤの部分《ぶぶん》に使《つか》われたオレンジ色のホイールが特《とく》にわたしは気に入った。

「これ、どうやってのるの？」きららはシッポをふって興味津々《きょうみしんしん》だ。

かあちゃんはいやがる蘭丸にいちゃんをむんずとつかんで、後ろ足をゴムベルトに通し、車いすにのせて、胸《むね》のあたりをベルトで固定《こてい》した。

このあたりはかあちゃん、かなりワイルドで雑《ざつ》なやり方だ……。かあちゃんらしいな。

とはいえ、蘭丸《らんまる》にいちゃんが抵抗《ていこう》するときのジタバタは、半端《はんぱ》な力じゃない。

コーギーって犬は、足が短《みじか》いから小さく見えるけど、あごは大型犬《おおがたけん》なみに強いし、力だって強い。そういった点で、かあちゃんのワイルドさは、コーギーの飼《か》い主向《ぬしむ》きと言えた。

相変《あいか》わらず空気が読めない蘭丸にいちゃんは、バタバタと前足を動《うご》かして抵抗《ていこう》している。

「これ、蘭丸にいちゃんの足になるんだよ……」

きららが「何が気に入らないんだ」という、しれっとした顔で蘭丸にいちゃんを見た。

車《くるま》いすをよく見ると、マヒして動《うご》かなくなった後ろ足をのせるトレーもついている。これなら後ろ足が地面《じめん》にすれてけがをすることもない。

蘭丸《らんまる》にいちゃんがのると、車いすはおどろくほど見事に蘭丸にいちゃんの体にフィットした。

「すごおおい！」

きららが目をまんまるにしておどろいた。

「そりゃそうだよ！　なんたってオーダーメイドなんだ。蘭丸にいちゃんのためにだけ作った車いすなんだから、そりゃピッタリに決《き》まってるじゃないか！　そのせいで、かあちゃんの財布《さいふ》はまたすっからかんだよ」

わたしは大笑《おおわら》いして言った。

「……ねえちゃん……そのぶん、わたしたちの食べるお肉……買ってもらえなくなるよ……」

きららのその言葉《ことば》にわたしははっと我《われ》に返《かえ》った。

「そうか……笑《わら》ってる場合じゃないんだ。わたしのお肉にも関《かか》わってくるんだった……。それにすでに、かあちゃんは、にいちゃんの手術代《しゅじゅつだい》もはらってるわけだし……こりゃ深刻《しんこく》だよ……」

わたしはそう思ったけど、次《つぎ》の瞬間《しゅんかん》の蘭丸《らんまる》にいちゃんを見て、肉のことはどうでもいいと思うようになっていた。

「蘭丸にいちゃんが、歩いた……」

蘭丸にいちゃんと車いすが一体《いったい》となって、コロコロと音を立てて歩き始《はじ》めたのだ。

自由自在《じゆうじざい》に、前進《ぜんしん》、バック、右へ、左へ、Uターンまで……。

「うわあ～！　ねえちゃん、すごいね！　蘭丸にいちゃん、ちゃんと歩いてるよ！」

蘭丸《らんまる》にいちゃんは、もう一度《いちど》自分の足で歩けるようになったのがうれしいのか、笑顔《えがお》いっぱいにワンワンほえて、かあちゃんを見ている。

かあちゃんが大泣《おおな》きして、手をたたいて喜《よろこ》んだ。

次《つぎ》の瞬間《しゅんかん》、蘭丸にいちゃんのおしりからうんちがポロンと落《お》ちた。

「おお！　蘭丸、いいうんち！」

とうちゃんがすぐにビニール袋《ぶくろ》でうんちを拾《ひろ》って、床《ゆか》を掃除《そうじ》した。

蘭丸にいちゃんは、もうじっとしていられなかった。

ボンボリみたいな小さなまん丸いシッポを思い切りふって、カラカラと車いすを引っ張《ぱ》って歩き始《はじ》めた。

そんな蘭丸にいちゃんを見ていると、わたしも肉が減《へ》ることくらい我慢《がまん》しようって気になる。

外に出ると、蘭丸にいちゃんは、アスファルトの道を猛《もう》スピードで車いすで走った。

やっぱりわたしたち犬にとっての一番の喜びは、歩くこと、走ることだった。

それはわたしが一番よくわかっている。

後ろ足が切られていたわたしは、かあちゃんの家に来るまでは散歩《さんぽ》が絶望的《ぜつぼうてき》だと思われていた。ところがかあちゃんはわたしに海岸《かいがん》という散歩場所《さんぽばしょ》を与《あた》えてくれた。

海岸なら、足をいためず思い切り走ることができるだろうと考えてくれたからだ。

その考えの通り、アスファルトではほとんど歩けないわたしが、海岸なら自由自在《じゆうじざい》に走りまわり、ジャンプすることができた。海岸で走るわたしを見ている限《かぎ》り、わたしの足に障《しょう》がいがあるとはだれも気づかないだろう。

そう、わたしたち犬の幸《しあわ》せは飼《か》い主《ぬし》ですべて決《き》まってしまう。

飼い主がどれだけわたしたち犬の気もちを考えてくれるかで、その一生が決まってしまうんだ。

今の蘭丸《らんまる》にいちゃんは、まさにその通りだった。

もし、かあちゃんととうちゃんが蘭丸《らんまる》にいちゃんに車いすを作ってくれなかったら、蘭丸にいちゃんは二度《にど》とお散歩《さんぽ》に行くことができなかっただろう。

大よろこびで車いすをのりこなす蘭丸にいちゃんを見て、かあちゃんはおっかないけど、わたしたち犬のことを本当に愛《あい》してくれているんだな、とわたしは思った。

「蘭丸にいちゃんよかったね！　これでまた海岸《かいがん》で鬼《おに》ごっこできるね！」

一瞬《いっしゅん》そんな期待《きたい》がふくらんだけど……、わたしが蘭丸にいちゃんといっしょに走ることはもうなかった。

なぜなら、足の不自由《ふじゆう》なわたしが走ることができるのは海岸だけだ。

逆《ぎゃく》に、車いすにのっている蘭丸にいちゃんが歩いたり、走ったりできる

のは車いすがスムーズにコロコロ転《ころ》がせるアスファルトの道だけだったからだ。

おなじ後ろ足が不自由《ふじゆう》なわたしたちなのに、走れる場所《ばしょ》は正反対《せいはんたい》の場所《ばしょ》だったんだ——。

蘭丸《らんまる》にいちゃんといっしょに海岸《かいがん》を走ることはもうできないんだなあと気がついたわたしは、妙《みょう》に落《お》ちこんでしまった。


そのころ、かあちゃんととうちゃんの頭の中は蘭丸にいちゃん一色になっていた。

蘭丸にいちゃんが車いすにのり始《はじ》めてから、かあちゃんととうちゃんは、さらなる工夫《くふう》をこらした。

まず散歩《さんぽ》の時のおしっことうんち。

おしっこもうんちも車いすにのったままできるが、うんちが落ちる時、マヒした後ろ足をのせるトレーの中にうんちが落ちることがあった。そうなると、トレーにのせている足もうんちで汚《よご》れてしまうため、かあちゃんたちは、車いすの後ろにビニール袋《ふくろ》を取《と》りつけることにした。

これで清潔《せいけつ》！　うんちはビニール袋の中にポロンと落《お》ちて、後始末《あとしまつ》も簡単《かんたん》だった。

「かあちゃん！　これで万事解決《ばんじかいけつ》だね！」

人間っていう生き物《もの》は、いろんなことを考えて、いろんなことを解決できるんだなあと思った。

蘭丸《らんまる》にいちゃんは、元気なころと変《か》わらないくらい、車いすでのお散歩《さんぽ》を楽しんだ。

車いすのおかげで、蘭丸にいちゃんは、無事《ぶじ》12歳《さい》になる年のお正月をむかえることができた。

蘭丸にいちゃんは、それからもうんちをこぼしながら、車いすにのりながら、何とか元気にわたしたちと過《す》ごすことができた。

桜《さくら》の季《き》節《せつ》になり、蘭《らん》丸《まる》にいちゃんがおできの手術《しゅじゅつ》を受《う》けてから、一年近くが経《た》っていた。

蘭丸にいちゃんは車いすにコロコロのって、満《まん》開《かい》の桜《さくら》を見に出かけた。とうちゃんは、蘭丸にいちゃんに向《む》けてカメラのシャッターを何度《なんど》もきった。

いつもはわたしの方がたくさん写《しゃ》真《しん》を撮《と》ってもらえるのに、今年は蘭丸にいちゃんばっかりだった。わたしは、少し蘭丸にいちゃんにやきもちを焼《や》いた。

それでも、イケメンの蘭丸にいちゃんと桜の花のコラボは、すっごくきれいで、見ていてほれぼれした。

「ふう……蘭丸にいちゃん、やっぱりかっこいいね……」

きららが、とうちゃんが撮《と》った写真《しゃしん》をまじまじとながめて、ため息《いき》をついた。

「人間も犬も、誰《だれ》でもひとつやふたつは、何かしら取《と》り柄《え》があるもんなんだよ」

「ねえちゃん、わたしにも取り柄ってある?」

「あんたの取り柄は、その大きなまんまるシッポだよ」

適当《てきとう》に返事《へんじ》をしながら、わたしは蘭丸《らんまる》にいちゃんの写真に見入った。

きららが言う通り、蘭丸にいちゃんは、今も本当にかっこよくて……。

でもやっぱり、病気《びょうき》になっても、朝には米びつの前に前足だけではって行って、かあちゃんのお米研《と》ぎのじゃまをした。

人間も犬も誰でも、ひとつやふたつ、これまた何かしら欠点《けってん》があるもんだ。

でもその欠点の「いたずら」が元気のバロメーターになっていたりする

もんだから、かあちゃんも蘭丸《らんまる》にいちゃんの「いたずら」を憎《にく》めなくなっちゃうんだ。

「もういっしょに海岸《かいがん》に行けないけど、今じゃお散歩《さんぽ》も行けるし、いたずらは元通りだし、蘭丸にいちゃん、すっかり元気になったんだなあ」とわたしは安心《あんしん》した。

残《のこ》された時間

その年の桜《さくら》は、いつもより長い間花を咲《さ》かせていた。

たぶん、二週間《しゅうかん》は目いっぱい花が咲いていたように思う。

いつもの年より、たくさんたくさんお花見が楽しめた。それなのに、桜の花が散《ち》るのをかあちゃんはえらくいやがっていた。

桜の花びらが散ると同時に、蘭丸《らんまる》にいちゃんのお散歩《さんぽ》の距離《きょり》は一気に短《みじか》くなった。

車いすを引っ張《ぱ》るのが大変《たいへん》なのか、数歩歩いては止まり、少し休憩《きゅうけい》しては、少し歩いた。

蘭丸《らんまる》にいちゃんの体はだんだん動《うご》かなくなっていき、梅雨《つゆ》の季節《きせつ》に入るころには、家の中でおむつをするようになった。

おしっこのコントロールができず、絶《た》えずもらしてしまうようになったからだ。

後ろ足が動《うご》かないとはいえ、前足だけで家の中を動きまわるので、家中がおしっこだらけになってしまう。なやんだ末《すえ》、かあちゃんは蘭丸《らんまる》にいちゃんにおむつをはかせることに決《き》めたんだ。

蘭丸にいちゃんは、犬用のおむつではなく、人間の赤ちゃん用のおむつを使《つか》っていた。

犬用のおむつにはシッポを通す穴《あな》が開《あ》いているが、シッポがボンボリみたいでほとんどないコーギー犬には、シッポ用の穴は必要《ひつよう》ない。

可愛《かわい》いキャラクターの絵がついたおむつをはかせてもらった蘭丸にいちゃんは赤ちゃんみたいだなあとわたしは思った。おむつをしていても蘭丸

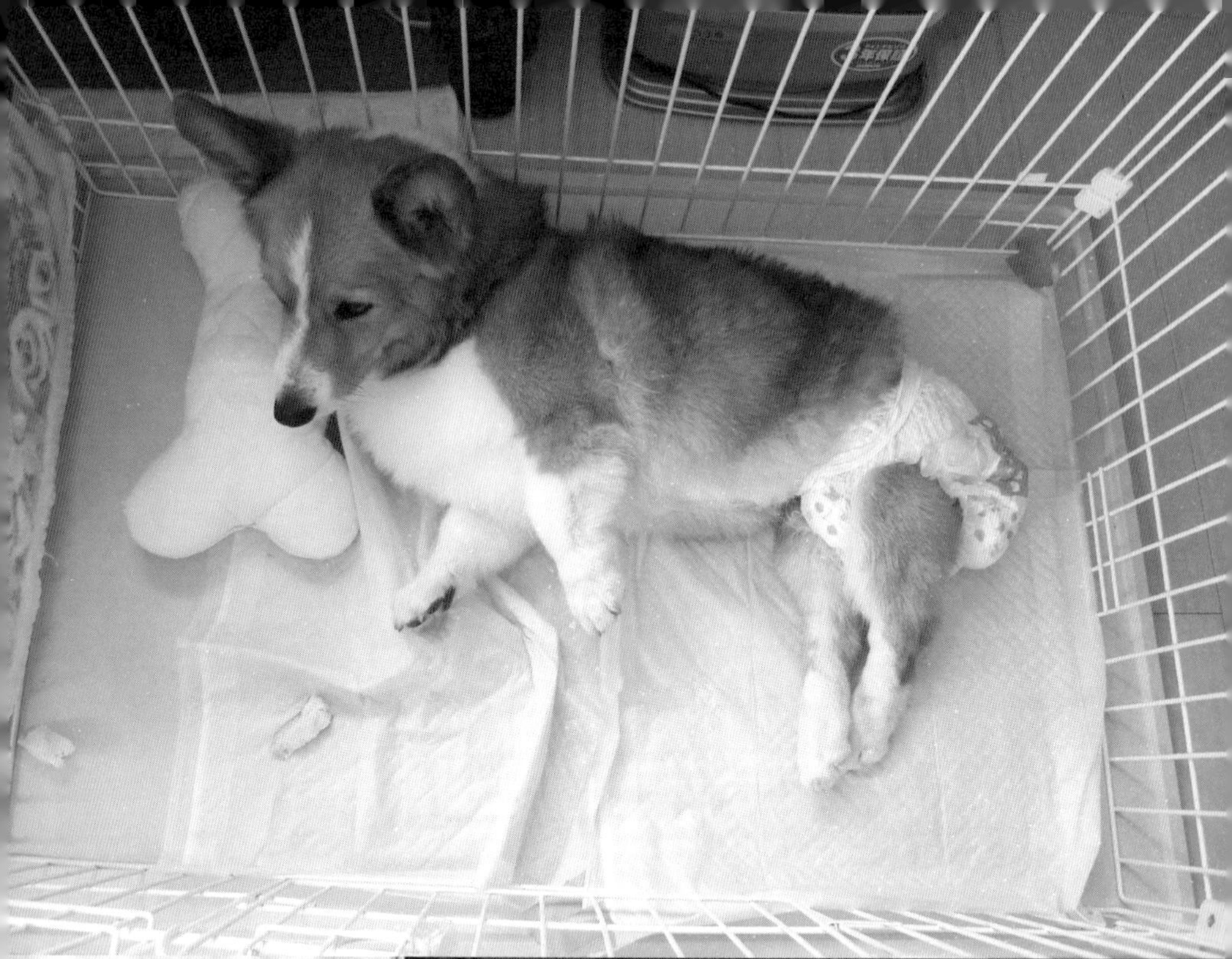

にいちゃんは、やっぱりイケメンだった。

おむつをはかせることで、家中がおしっこだらけになるという問題《もんだい》は解《かい》決《けつ》したが、今度《こんど》はおむつの中でうんちとおしっこをするため、おむつの中がムレて、皮膚《ひふ》がただれてしまうという問題《もんだい》が起《お》こった。

おむつをかえるたびに、ウエットティッシュできれいにふいても、人間の赤ちゃんとちがい全身《ぜんしん》に毛が生えているわたしたち犬にとっては、それでは不衛生《ふえいせい》だった。

かあちゃんは、蘭丸《らんまる》にいちゃんをお風呂《ふろ》に入れてきれいにすることにした。

これは何も特別《とくべつ》なことじゃない。

わたしもきららも、シャンプーは一ヵ月に一度《いちど》ほどはしてもらうし、シャンプーの後はドライヤーできれいに乾《かわ》かしてもらっているのでいつもピカピカだ。

でも、シャンプーやドライヤーは体力を使《つか》うため、病気《びょうき》の蘭丸《らんまる》にいちゃんにとっては、お風呂は大歓迎《だいかんげい》とはいえなかった。それでもかあちゃんは、蘭丸にいちゃんのシャンプーをすることに決《き》めた。

体力に心配《しんぱい》があるにしろ、衛生状態《えいせいじょうたい》が悪《わる》くなることは、蘭丸《らんまる》にいちゃんにとってもよくないと思ったからだろう――。

案《あん》の定《じょう》、蘭丸にいちゃんは、小さな犬用のバスタブの中で気もちよさそうにかあちゃんに身《み》を任《まか》せていた。

外もすでに暖《あたた》かかったし、ドライヤーの後は、ウッドデッキでブラッシングをしてもらって大喜《おおよろこ》びだ。おむつを外して寝《ね》ころべたのもうれしい理《り》由《ゆう》なのかもしれない。

わたしはシッポをブンブンふって、蘭丸にいちゃんにちょっかいを出した。

「にいちゃん！　おむつなしで、外で寝ころぶ方が気もちいいよね！」

かあちゃんもそう思ったのか、しばらくはおむつをつけないまま、蘭丸にいちゃんをウッドデッキで日向《ひなた》ぼっこさせていた。

ハエが二匹《にひき》、蘭丸《らんまる》にいちゃんのまわりを飛《と》んでいた。

ハエが飛《と》びまわるほど、暖《あたた》かな季節《きせつ》になったんだなあ。

ウッドデッキでのお昼寝《ひるね》が気もちいいわけだ。

わたしは、蘭丸にいちゃんのとなりで、ゴロンと横《よこ》になって眠《ねむ》った。

きららは、蘭丸にいちゃんのまわりにいたハエを追《お》っかけまわしてしばらく遊《あそ》んでいたけど、すぐ飽《あ》きてしまったのか、わたしの体にぴたっとくっついてお昼寝体勢《ひるねたいせい》に入った。

三匹《さんびき》でのお昼寝は、本当に気もちよくて、いい夢《ゆめ》が見られそうだなあとわたしは思った。

大事件《だいじけん》が起《お》こったのはその翌日《よくじつ》の夕方だった。

蘭丸《らんまる》にいちゃんはいつもの通り、車いすで家のまわりを歩いては止まり、止まっては歩きながらゆっくりと散歩《さんぽ》をしていた。

車いすの後ろには、とうちゃんが考案《こうあん》したうんちを受《う》けるためのビニール袋《ぶくろ》がいつものようにつけられていたが、散歩《さんぽ》がはじまってすぐ、とうちゃんがそのビニール袋の中を見て「あれ！」と首をかしげた。

小さな白いものが、蘭丸にいちゃんのおしりからポロンとふたつ落《お》ちてきてビニール袋《ぶくろ》の中に入った。

よく見ると、その白い小さな物体《ぶったい》がくねくねと動《うご》いている。

次《つぎ》の瞬間《しゅんかん》、かあちゃんが「ぎゃあああああ！」と、10キロ先までとどくような大声でさけんだ。ただでさえ声がでかいかあちゃんのさけび声に、わたしもきららも飛《と》び上がった。

その白い物体《ぶったい》は、ウジ虫のようだった。何と、蘭丸にいちゃんのおしりからその白い物体がいくつも落ちてきたのだ。

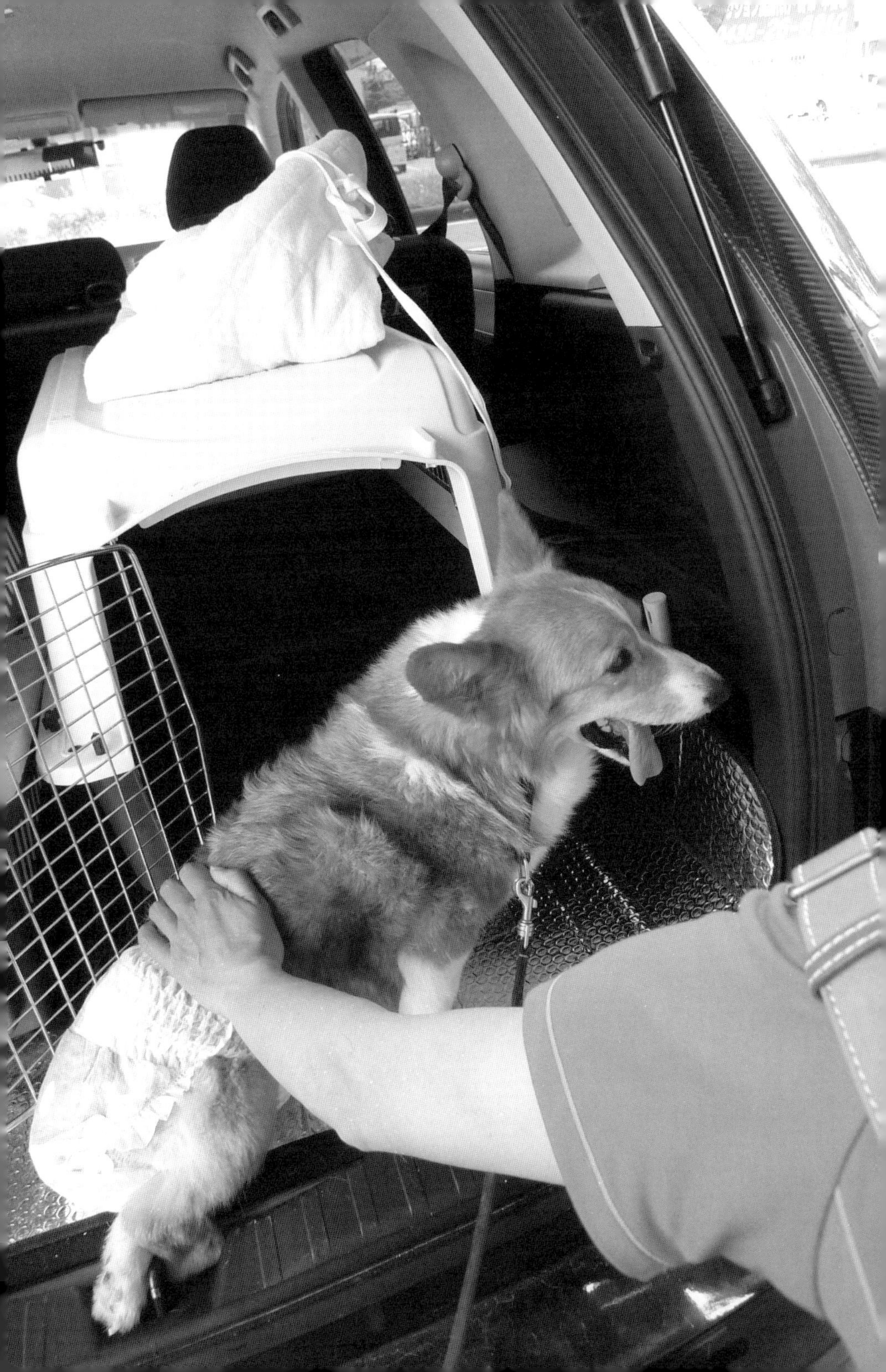

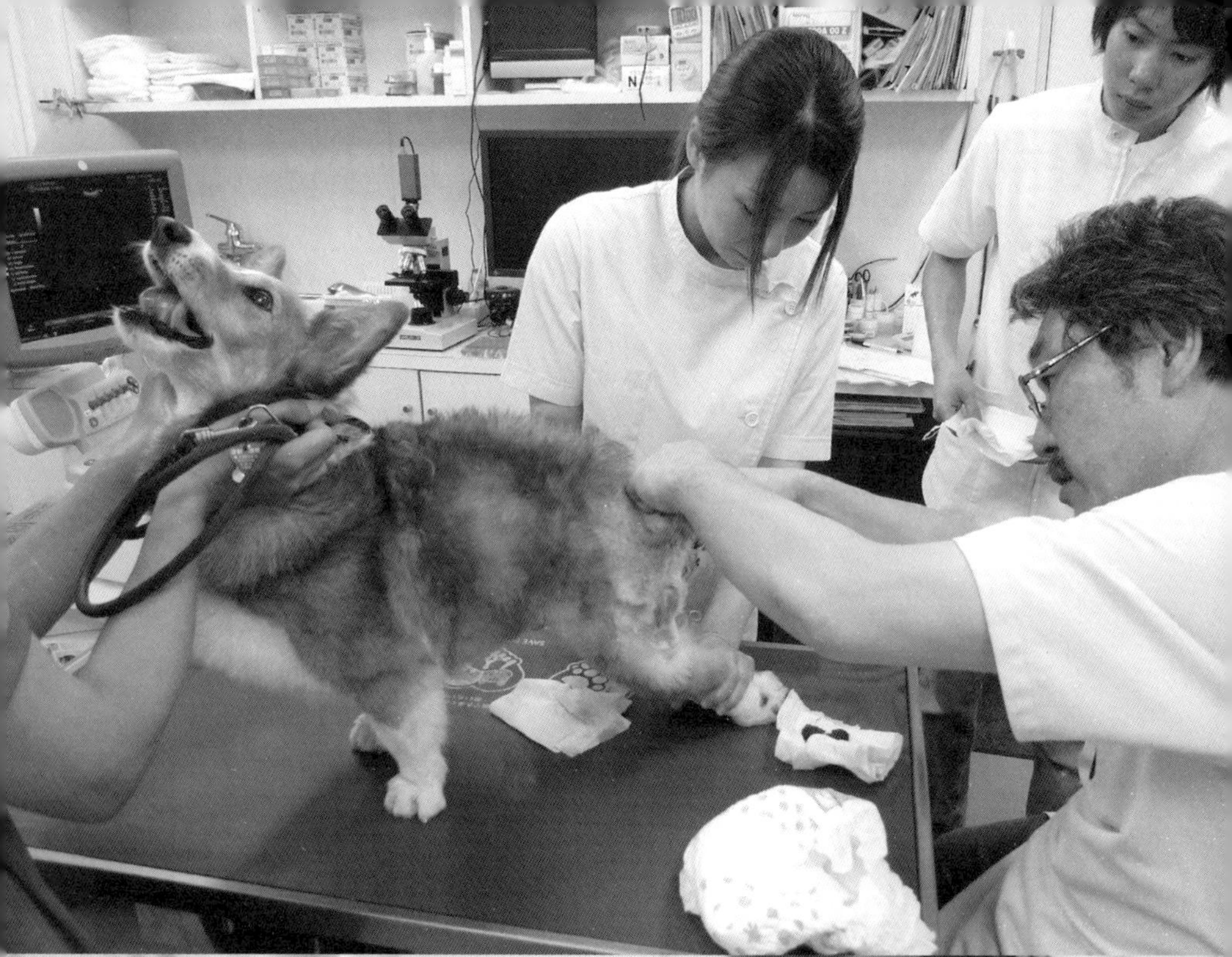
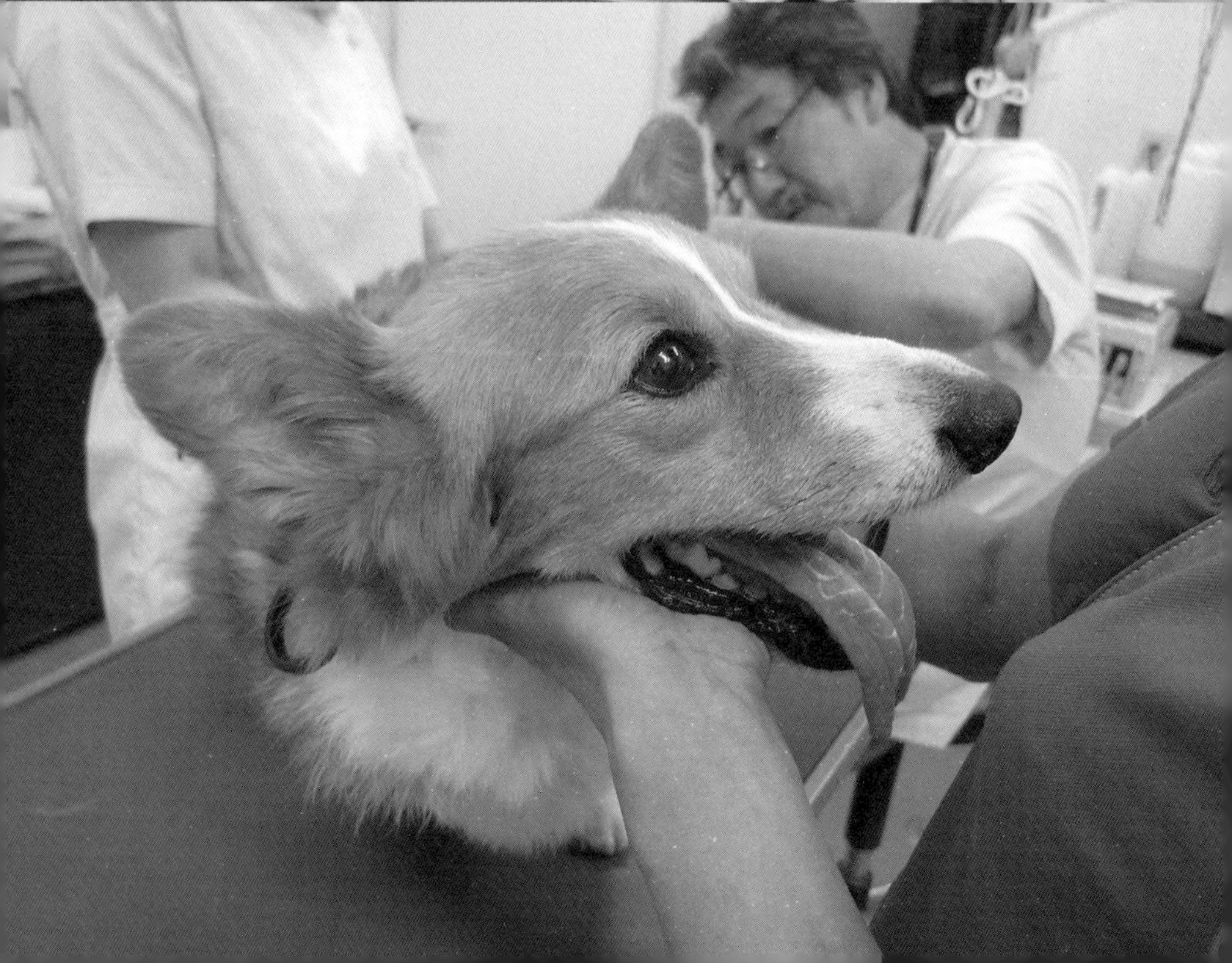

こんなことははじめてだ。

一体《いったい》、蘭丸《らんまる》にいちゃんのおしり、どうしちゃったんだろう！

かあちゃんは大あわてで、散歩《さんぽ》を終《お》えると、蘭丸にいちゃんにおむつをはかせ、田口先生《たぐちせんせい》の動物病院《どうぶつびょういん》へと向《む》かった。

「ウジ虫ですね」

田口先生はいともあっさりと言った。

「散歩の時以外《いがい》は、おむつをしているんですけど、昨日《きのう》の朝、シャンプーしてドライヤーで乾《かわ》かした後、おむつをせず、ウッドデッキで寝《ね》かしていたんです」

そういえばその時、蘭丸にいちゃんの近くをハエが飛《と》んでたっけ？

「たぶん、その時に卵《たまご》を産《う》んだんでしょう。ウジはあっという間《ま》にわきます。とにかく早く処置《しょち》しないと、そこから傷《きず》を食いちらかしていきますからね」

話を聞いていてぞっとした。

ウジ虫とはハエの幼虫《ようちゅう》のことだ。

ハエなんてどこにでもいるけど、ウジ虫を見ることなんてめったにない。

それなのに、蘭丸《らんまる》にいちゃんのおしりにウジ虫がわくなんて、どういうことなんだろう。

「ウジ虫がわく理由《りゆう》はハエが腐敗臭《ふはいしゅう》をかぎつけて卵《たまご》を産《う》みつけるためです。傷口《きずぐち》がひどくて、化膿《かのう》している状態《じょうたい》でほうっておくと、そこにハエが卵《たまご》を産む、というわけです。ウジ虫が孵化《ふか》するスピードはあっと言う間です。とにかく早く取《と》りのぞかなければ、傷口《きずぐち》の肉を食べ続《つづ》けてどんどん中に入っていきます」

つまり、蘭丸にいちゃんのおしりの中は炎症《えんしょう》がひどくなっていて、そのにおいをかぎつけたハエが卵を産《う》んだらしい。その様子《ようす》から、蘭丸にいちゃんの病気《びょうき》が、もう手のほどこしようがないところまで来ていることは明らかだった。

田口先生《たぐちせんせい》はかあちゃんととうちゃんにこう言った。

「あとどれだけ頑張《がんば》れるかわかりませんが、ご家庭《かてい》でとにかくできることをしてあげてください。まずは、ウジ虫です」

「……どうすれば、駆除《くじょ》できるんですか」

かあちゃんが半泣《はんな》きになってきくと「ピンセットで一個《いっこ》、一個、つまんで取《と》るしかありませんね」と田口先生《たぐちせんせい》は言った。

「薬《くすり》とかはないんですか」

「ありません」

そう言うと、先生はピンセットで蘭丸《らんまる》にいちゃんのおしりについたウジを一個、一個つまんで取《と》りのぞいていった。

「目に見えるのは3個くらいだとするとその10倍《ばい》はいるかな」

その言葉《ことば》通り、蘭丸にいちゃんのおしりから出てきた二十数匹《すうひき》のウジ虫が、トレーの中でうようよとうごめいた。

それを見たかあちゃんはかなり落《お》ちこんでいた。

自分の看護《かんご》が悪《わる》いからウジがわいたと思ったのだろう。

「めずらしい事《こと》ではありませんよ。老犬《ろうけん》を介護《かいご》している飼《か》い主《ぬし》さんにもよくあります。寝《ね》たきりの犬の場合、床《とこ》ずれができて、その傷《きず》にウジがわくんです。とにかく注意《ちゅうい》して、手当《てあ》てしてあげるしか方法《ほうほう》はありません。ウジがわくということは……。それだけ体内での炎症《えんしょう》が進《すす》んでいると言えます。……とにかくこれからは、何でもいいので食べられるものを食べさせて、体力をつけてください」

「これからウジを見つけたときはどうしたら良いのですか？」

「ピンセットで取《と》り除《のぞ》くしかないでしょう」

虫が嫌《きら》いなかあちゃんは、撃沈《げきちん》―。しかし、ウジ虫をとらないと蘭丸《らんまる》にいちゃんは苦《くる》しむことになる。

20分程度《ていど》かけてウジ虫除去《じょきょ》が終《お》わると、田口先生《たぐちせんせい》は蘭丸にいちゃんの体力が落《お》ちないよう、食欲《しょくよく》が出る注射《ちゅうしゃ》を打《う》ってくれた。

病院《びょういん》からの帰り道、かあちゃんは意《い》を決《けっ》して、薬局《やっきょく》でピンセットを買い、それからおむつ交換《こうかん》の時には目を皿《さら》のようにして蘭丸《らんまる》にいちゃんのおしりを観察《かんさつ》した。

「あ～！　いた！　いたよ～！」

ウジ虫をピンセットでつまみ出すのはとうちゃんの仕事《しごと》だ。

やれやれ……、ウジ虫係《がかり》なんて、とうちゃんはいつも損《そん》な役回《やくまわ》りだなあ……。

そんな飼《か》い主夫婦《ぬしふうふ》の連携《れんけい》プレーがうまくいったのか、それからは散歩《さんぽ》の時もおむつをつけることにしたからか、ウジ虫事件《じけん》はたった二日間で無事《ぶじ》解決《かいけつ》した。

食事《しょくじ》も先生が打《う》ってくれた注射《ちゅうしゃ》が効《き》いたのか、お肉をたくさん食べることができた。

ところが、それからわずか数日後、蘭丸《らんまる》にいちゃんは散歩《さんぽ》に出かけても、体は車いすにのったまま、前に進《すす》めなくなっていた。

家の中で車いすにのらない時は、寝《ね》てばかりで、ご飯《はん》もほとんど食べられなくなった。

それでも、かあちゃんが朝、お米を研《と》ぐときには、ワンワンほえて米びつの前に行こうと起《お》きあがった。

でも……大好《だいす》きな米びつの前まで自分で進《すす》むことはもうできなかった――。

田口先生《たぐちせんせい》のいう通り、蘭丸にいちゃんに残《のこ》された時間は、すでに残《のこ》り少なくなっていた。

6月も一週間を過《す》ぎると、蘭丸にいちゃんはまったく散歩《さんぽ》に行けなくなった。

蘭丸《らんまる》にいちゃんの12歳《さい》の誕生日《たんじょうび》をむかえたその日はパーティーどころではなく、おいしいご馳走《ちそう》も、みんなの笑顔《えがお》もないまま静《しず》かに過《す》ぎていった。かあちゃんととうちゃんは、乳母車《うばぐるま》に蘭丸にいちゃんをのせて、散歩《さんぽ》に連《つ》れて行った。

人間から見れば、歩けないんだから散歩《さんぽ》なんて必要《ひつよう》ないって思うだろうけど、わたしたち犬は、外の風のにおいや草のにおいをかいで、ストレスを発散《はっさん》させ、様々《さまざま》な情報《じょうほう》を仕入《しい》れている。

だからたとえ歩けなくなっても、外に出て外のにおいや空気に触《ふ》れることはとても大切なことだった。かあちゃんたちもそれをわかっているから、わたしときららの散歩が終《お》わると毎日蘭丸にいちゃんを乳母車《うばぐるま》にのせて、外に連れて行ったのだろう。

動《うご》けなくなっても、家に帰ると、蘭丸にいちゃんは、目でかあちゃんを追《お》いかけて、ワンワンほえて、自分の気もちを伝《つた》えた。

おかあさん！　うんち出たからおむつかえて！

おかあさん！　お水飲《の》みたいよ！

おかあさん！　おしっこ出たからおむつかえて！

おかあさん、おかあさん！　おかあさん……来て！


かあちゃんには、蘭丸《らんまる》にいちゃんの言葉《ことば》がすべて理解《りかい》できた。

やっぱり犬と人間って心が通じあうんだなあ、とわたしは思った。

かあちゃんは、蘭丸にいちゃんのおむつの交換《こうかん》が終《お》わると、いつも蘭丸にいちゃんを膝《ひざ》の上にのせて、ゆりかごみたいにゆっくりと静《しず》かに体をゆすった。

安心《あんしん》できて気もちいいのか、蘭丸にいちゃんが目を閉《と》じてウトウトし始《はじ》めた。

蘭丸《らんまる》にいちゃんの体は、とても軽《かる》くなっていた。13キロあった体重《たいじゅう》は、そのころには8キロまで減《へ》っていた。食事《しょくじ》もほとんど取《と》れず、かあちゃんは蘭丸にいちゃんが大好《だいす》きな、チーズやアイスクリームを口元《くちもと》まで運《はこ》んで食べさせた。

「アイスクリームいいなあ……食べたいなあ……」

わたしもきららも思ったけど、アイスクリームは犬にとってはお砂糖《さとう》が多すぎて食べてはいけない物《もの》だ。

でも、今の蘭丸にいちゃんは食欲《しょくよく》がなく、何か食べないと死《し》んでしまう。だから、甘《あま》くておいしいアイスクリームをかあちゃんはあたえたんだ。

とにかく食べてくれれば元気も出る。

蘭丸にいちゃんはかあちゃんの手から冷《つめ》たくて甘いアイスクリームを少しずつなめた。

かあちゃんがほっとしたように、笑《わら》って蘭丸にいちゃんの頭をなでた。

やがて、動《うご》けなくなった蘭丸《らんまる》にいちゃんの右前足のつけ根《ね》には、床《とこ》ずれができはじめた。かあちゃんは床《とこ》ずれができないように田口先生《たぐちせんせい》から薬《くすり》をもらい、二時間ごとに体勢《たいせい》を変《か》えたが、なかなか治《なお》らなかった。床ずれは想像以上《そうぞういじょう》にあっという間にひどくなった。

すり切れた傷《きず》の真《ま》ん中《なか》にぽっかりと大きな穴《あな》があいた。

それを見たかあちゃんは、台所《だいどころ》の食器《しょっき》を洗《あら》うやわらかいスポンジを床ずれにはってクッション代《が》わりにした。床《とこ》ずれ防止《ぼうし》の介護用《かいごよう》ベッドも買って、寝《ね》る体勢《たいせい》も二時間ごとに左右の向《む》きを変《か》えた。

するとどうだろう――。一週間ほどで床《とこ》ずれはきれいに治《なお》っていった。

この数ヵ月間、蘭丸にいちゃんとかあちゃん、とうちゃんを見ていたわたしは、犬と人間って楽しい事《こと》ばかりじゃないと思った。

犬だって病気《びょうき》になるし、年もとる。

わたしたち犬は飼い主《ぬし》より先に死《し》ぬー。当然《とうぜん》、飼い主である人間は、そんなことはわかっていてわたしたち犬といっしょに暮《く》らすんだろうけど……。

蘭丸《らんまる》にいちゃんの看病《かんびょう》を見ていると、犬の介護《かいご》もすごく大変《たいへん》だ。中には、年をとった犬はいらないといって、捨《す》てる人間だっている。

「かあちゃん……蘭丸にいちゃんのお世話《せわ》大変だね……」

わたしはかあちゃんに言った。

「大変だよ。本当《ほんとう》に大変……。病気《びょうき》になったらお金だってすっごくかかる」

でも、かあちゃんは、続《つづ》けてこう言った。

この時が一番、自分の犬に恩返《おんがえ》しできる時なんだってー。

「ねえちゃん……かあちゃんの言ってる意味《いみ》わからない……」

となりで聞いていたきららは首をかしげたけど、わたしにはかあちゃんの心の中がよくわかった。

人間はわたしたち犬との暮《く》らしを楽しみたくて、いっしょに暮らし始《はじ》めた。

わたしたち犬と暮《く》らすことで、人間たちの暮らしもより楽しいものになっただろう。

その喜《よろこ》びをくれた犬たちへの本当の意味《いみ》での「ありがとう」が、蘭丸《らんまる》にいちゃんへの介護《かいご》の姿《すがた》なんだ。

たくさん、たくさん、かあちゃんととうちゃんに喜びをくれた蘭丸にいちゃんへの心からの「ありがとう」の気もちというわけだ。

そりゃそうだ。ここで感謝《かんしゃ》の気もちを表《あらわ》さずして、人間はわたしたちにいつ感謝の気もちを表してくれるんだ！　わたしたち犬は、飼《か》い主以外《ぬしいがい》だれも見ていない。飼い主だけをまっているし、飼い主に愛《あい》されることだけがわたしたちの幸《しあわ》せだ。

そんな生き物《もの》、他《ほか》にはいないだろう。

えっへん！　と胸《むね》を張《は》って、人間たちに言いたい気分だった。

「じゃあ、かあちゃん、わたしたちが病気《びょうき》になってもちゃんとお世話《せわ》してくれる？」

「もちろんだよ！　そのためにも、今のうちに楽しませて恩《おん》を売っとかなきゃね」

「えー、どうやって？」

「あんたが、その大きなシッポをふってりゃかあちゃんは機嫌《きげん》がいい！」

「ふうん……ずいぶん簡単《かんたん》なんだね……」

「簡単なことだよ。犬と人間はね、ずっといっしょにいることが大切《たいせつ》なんだ。だから、蘭丸《らんまる》にいちゃんもずっと、ずっと、いっしょだよ……天国に行くまでね……」

「え？　ねえちゃん、聞こえなかった……今なんて言ったの？」

わたしは、もう一度《いちど》言おうと思ったけど、言うのをやめた。

蘭丸《らんまる》にいちゃんが、この世《よ》からいなくなってしまうなんて……考えたくなかったんだ――。

天国への道

7月も終《お》わりに近づいたその日は特別暑《とくべつあつ》かった——。

その日もかあちゃんに朝4時半に起《お》こされたわたしは、きららといっしょに朝の散歩《さんぽ》に出かけた。この時季《じき》の散歩は、早朝じゃないと熱中症《ねっちゅうしょう》になってしまう。犬にとっても大の苦手《にがて》な季節《きせつ》だった。

散歩に出かける前、かあちゃんは蘭丸《らんまる》にいちゃんのおむつを交換《こうかん》すると、蘭丸にいちゃんをだいて、寝室《しんしつ》からリビングに移動《いどう》させた。

早朝でエアコンはまだ必要《ひつよう》なかったので、かあちゃんは窓《まど》を開《あ》けて扇風《せんぷう》機《き》をまわし、風の当たり具合《ぐあい》を確認《かくにん》した。

蘭丸《らんまる》にいちゃんは、もう「ワン、ワン」とほえることもできなくなっていた。

頭を起《お》こすこともできず、「ハウ……ハウ……」とかすれた声で、かあちゃんをよぶだけだ。どんなに暑《あつ》くても自分ですずしいところに移動《いどう》することはできないため、かあちゃんは、室内の温度《おんど》には異常《いじょう》なまでに気をつかっていた。

暑くならないよう、冷房《れいぼう》が効《き》きすぎないよう、常《つね》に神経《しんけい》をとがらしていた。

暑さも手伝《てつだ》ってか、そのころの蘭丸にいちゃんは、食事《しょくじ》もまったくのどを通らず、水でうすめたスポーツドリンクを水差《みずさ》しから飲《の》むだけだった。

わたしはすっかりやせてしまった蘭丸にいちゃんを見て思った。

この家にやってきてからずっと、ずっと蘭丸にいちゃんといっしょだった。

いっしょに寝《ね》て、起《お》きて、散歩《さんぽ》をして、ご飯《はん》を食べて……。それが当たり前だった。

その当たり前のことが当たり前じゃなくなる日がくるなんて、思ってもみなかった。

以前《いぜん》のような楽しい毎日は、もうここにはなかった。

わたしたちが、おいしいご飯《はん》を食べていても、蘭丸《らんまる》にいちゃんは食《た》べ物《もの》に目もくれず「ハウ……ハウ……」とかあちゃんをよぶだけだった。

今の蘭丸にいちゃんが欲《ほ》しいものは、大好《だいす》きなボールでもおいしいおやつでも、お刺身《さしみ》でもなかった。

蘭丸にいちゃんが一番欲しがったのは、かあちゃんの温《あたた》かな手だけだった。

人間は、犬やネコにはご飯だけあげていればいいと思っているんだろうけど、それは大間違《おおまちが》いだ。わたしたち犬にとって最高《さいこう》のご褒美《ほうび》とは、肉でも魚でもおやつでもない。飼《か》い主《ぬし》さんとの信頼関係《しんらいかんけい》が最高で最強《さいきょう》のご褒美《ほうび》なんだ。

それをどれだけの飼《か》い主《ぬし》がわかっているのか知らないけど、うちのかあちゃんは、ちゃんとわかってくれているんだろうなあと、蘭丸《らんまる》にいちゃんを見ていて思った。

午後になると、蘭丸にいちゃんの容態《ようだい》が急変《きゅうへん》した。水差《みずさ》しで水を飲《の》ませても、飲《の》むことができなくなり、胸全体《むねぜんたい》で呼吸《こきゅう》をしてとても苦《くる》しそうだ。

かあちゃんとうちゃんは、あわてて田口先生《たぐちせんせい》のところへ蘭丸にいちゃんを連《つ》れていった。

かあちゃんの腕《うで》の中でぐったりしていた蘭丸にいちゃんを見て、先生が顔をくもらせた。

かあちゃんは田口先生に点滴《てんてき》（栄養補給液《えいようほきゅうえき》を入れること）をしてほしいとお願《ねが》いしたけど、田口先生は静《しず》かに目を閉《と》じて首を横《よこ》にふるだけだった。

「……先生、じゃあ前と同じ食欲《しょくよく》の出る注射《ちゅうしゃ》を打《う》ってください」

「……もう、そんな段階《だんかい》ではないと思います……」

田口先生《たぐちせんせい》はそういうと、診察台《しんさつだい》の上に寝《ね》ている蘭丸《らんまる》にいちゃんのおむつを外《はず》した。

その瞬間《しゅんかん》、蘭丸にいちゃんのおしりからコールタールのように真《ま》っ黒《くろ》なドロドロしたうんちが流《なが》れ出た。

かあちゃんが泣《な》き出した。

先生が、きれいなおむつに取《と》りかえながら「あとどれくらいか……今日か、明日か……わかりませんが……」と言った。

かあちゃんはただうなずくしかなかった。先生の言葉《ことば》は、天国へのカウントダウンが始《はじ》まっていることを意味《いみ》した。

いつもは患者《かんじゃ》さんがいっぱいで、待合室《まちあいしつ》はたくさんの飼《か》い主《ぬし》であふれているのに、その日はだれもいなかった。そして、その日は田口先生《たぐちせんせい》といっしょに田口先生の奥《おく》さん、病院《びょういん》のスタッフがみんなそろっていた。かあちゃんは診察台《しんさつだい》の上の蘭丸《らんまる》にいちゃんをだきあげ、先生に頭を下げた。

「蘭丸《らんまる》……先生と病院《びょういん》のみなさんに、さよならだよ……」

腕《うで》の中でぐったりしている蘭丸にいちゃんにかあちゃんが話しかけた。

すると、どうだろう——。

今まで意識《いしき》すらなかった蘭丸にいちゃんが、かあちゃんの腕の中で目を開《あ》け、頭を持《も》ちあげて、目をぱちぱちさせて、先生に向《む》かって二度《にど》まばたきしたんだ。

先生、さようなら……今まで、ぼくのために、ありがとう！


蘭丸《らんまる》にいちゃんは、田口先生《たぐちせんせい》にはっきりとそう告《つ》げた。

それは、だれが見ても明らかだったと、かあちゃんは言う。

蘭丸にいちゃんは、わかっていた。

自分が、もうすぐ天国に行くってことを……。


その翌朝《よくあさ》、かあちゃんが朝ごはんの卵焼《たまごや》きを焼《や》いていると、蘭丸にいちゃんを見ていたとうちゃんが「あっ！」とさけんだ。

その声にかあちゃんが、あわててリビングにかけつけて蘭丸にいちゃんをだきあげた。

「はー……、ふー……、はー……、ふー……」

蘭丸にいちゃんの息《いき》づかいが聞こえた。

「はー……、……ふー……、はー……、……ふー……」

呼吸の間隔《かんかく》がだんだんと広がっていった。

わたしもきららもこわくて、蘭丸《らんまる》にいちゃんのそばに近づくことができなかった。

わたしたちは少しはなれた場所《ばしょ》から蘭丸にいちゃんを見守《みまも》った。

「はー……、……、……、ふー……、……」

「はー……、……、……」

「……、……、……」

やがて、息《いき》をはく音が静《しず》かに、本当に静《しず》かにやんだ。

蘭丸にいちゃんは、たった今、神様《かみさま》に召《め》されたのだった。

「……蘭丸……ありがとうね……」

かあちゃんが、目を閉《と》じた。

次《つぎ》の瞬間《しゅんかん》、とうちゃんがかあちゃんの腕《うで》をむんずとつかんで言った。

「蘭丸《らんまる》、まだ死《し》んでないよ！　息してる！」

「蘭丸！」

「……ふー……ぅぅぅ……ぅ……」

かあちゃんも、とうちゃんも、わたしも、きららも、息をのんで耳をすましました。

「……」

1分が過《す》ぎ、2分が過《す》ぎた。

蘭丸にいちゃんの息づかいは、どんなに耳のいいわたしたち犬にも、二《に》度《ど》と聞こえてはこなかった。

蘭丸にいちゃんはまちがいなく、死《し》んだ。

「……本当に……死《し》んだの……蘭丸……。蘭丸！」

蘭丸にいちゃんの顔の上に、かあちゃんのなみだがぽたぽた、ぽたぽた、何《なん》滴《てき》も、何滴も落《お》ちた。

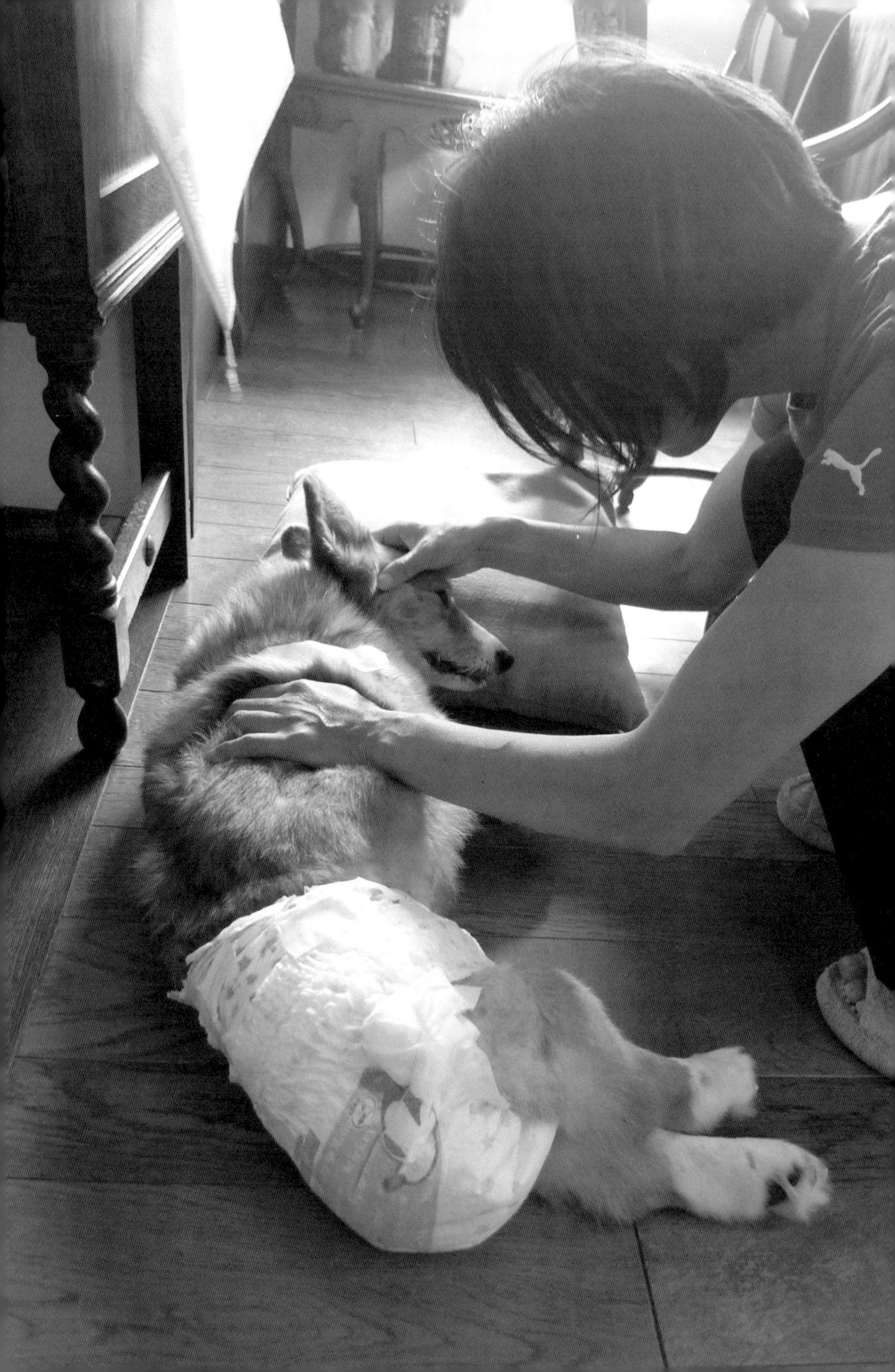

「蘭丸《らんまる》……お米研《と》ぐよ……」

かあちゃんはまだ蘭丸にいちゃんが生きているかもしれないと思ったのだろう。

かあちゃんは泣《な》きながら蘭丸にいちゃんをだきあげると、米びつの前に歩いて行った。

それは、朝の8時過《す》ぎで、いつもかあちゃんがお米を研《と》ぐ時間だった。

お米を見て、大騒《おおさわ》ぎしていた蘭丸にいちゃん。

かあちゃんの足をふんでおこられていた蘭丸にいちゃん。

もう、その蘭丸にいちゃんはお米を見てもびくとも動《うご》かなくなってしまった。

いなくなってしまったんだ――。

これが、命《いのち》が消《き》えるということ。死《し》ぬっていうことなんだ……。

かあちゃんは、米びつからはなれて、蘭丸にいちゃんを小さな長いすの上に寝《ね》かせると、わたしときららに言った。

「蘭丸《らんまる》にお別《わか》れしなさい」

わたしは蘭丸にいちゃんの体のにおいをクンクンかいだけど、そこにはもういつもの蘭丸にいちゃんのにおいは残《のこ》っていなかった——。

思い出は、ずっと、ずっと

外は35度《ど》の暑《あつ》さにもかかわらず、リビングのエアコンは気温《きおん》18度《ど》に設定《せってい》されていた。

かあちゃんは冷凍庫《れいとうこ》からありったけの保冷剤《ほれいざい》を出して、蘭丸《らんまる》にいちゃんの体の下に置《お》いた。

亡《な》くなってしまった蘭丸にいちゃんの遺体《いたい》が暑さでいたまないようにとの処置《しょち》だという。

蘭丸にいちゃんは、今日一晩《ひとばん》ここにいて、明日、ペット霊園《れいえん》で荼毘《だび》にふされることに決《き》まった。

わたしが蘭丸《らんまる》にいちゃんのそばにいられるのは残《のこ》りわずかだった。

夕方には、わたしのボーイフレンドが続々《ぞくぞく》とお別《わか》れに訪《おとず》れた。

ジャーマンシェパードのアトム君《くん》、ラブラドールレトリバーのジョイ君、ミックスの葵《あおい》君にチビちゃん、ブリタニースパニエルのシエルちゃん……。

次々《つぎつぎ》と蘭丸にいちゃんのまわりにはお花がかざられた。

死《し》んでもイケメンな蘭丸にいちゃんに、きれいなお花はとてもよく似《に》合《あ》った。

その夜、かあちゃんは蘭丸にいちゃんの体から、一握《ひとにぎ》りの毛をはさみで切って、小さなプラスチックバッグに収《おさ》めた。かあちゃんにとっては、蘭丸にいちゃんの大切《たいせつ》な形見《かたみ》だ。

その夜、かあちゃんは蘭丸にいちゃんといっしょに荼毘《だび》にふすものを選《えら》ぶことにした。

おやつに、蘭丸にいちゃんが好《す》きだった果物《くだもの》の桃《もも》、それにテニスボールもだけど……。

ボールは破裂《はれつ》するから入れられないらしい。

ボールがダメなら他《ほか》のものを──。次《つぎ》にかあちゃんが手に取《と》ったのは蘭丸《らんまる》にいちゃんがお散歩《さんぽ》デビューの時に初《はじ》めてつけた小さな鈴《すず》のついた首輪《くびわ》。

でも、これは手元に置《お》いておくことにしたらしい。そして、次に手に取ったのが、うさぎか豚《ぶた》かわからない姿《すがた》をしたヘンテコなぬいぐるみだった。

わたしがこの家に来る前からあったボロボロのぬいぐるみだ。

「かあちゃん、それ何なの？」

今まで気にもしなかったが、かあちゃんが大事《だいじ》そうに持《も》っているので、思い切って聞いてみることにした。

「これはね、未来《みらい》ちゃんが来るずっと、ずっと前、蘭丸がまだ子犬だったころ、蘭丸が一番好《す》きだったぬいぐるみなんだよ」

へえ！　そんな思い出があったんだ。

「蘭丸《らんまる》はいたずら好《ず》きな性格《せいかく》だから、新しいぬいぐるみもおもちゃもすぐこわしちゃうんだよ。今までどれだけのぬいぐるみを捨《す》てては買い、買ってはダメにしたか……」

わかる、わかる……あの蘭丸にいちゃんのことだ。ぬいぐるみなんてすぐにこわしちゃっただろうな。

でも、かあちゃん、このぬいぐるみだけはどうして捨《す》てなかったんだろう。よく見るとあちらこちら穴《あな》があいていて、本当にボロで、ぬい合わせたあとがたくさんあった。

「蘭丸に一番初《はじ》めにあげたおもちゃで、蘭丸がすっごく気に入ってたから、ずっと捨てられなかったんだよ。名前までつけたんだから！」

名前は「ブーア君《くん》」と言うらしい。ヘンテコな名前だ。

「これも、蘭丸にいちゃんといっしょに、明日燃《も》やしてあげるの？」

かあちゃんは迷《まよ》っていたが、結局《けっきょく》、首輪同様《くびわどうよう》、ブーア君も家に残《のこ》しておくことにした。

蘭丸《らんまる》にいちゃんの宝物《たからもの》は、これまたかあちゃんの宝物というわけだ。

いなくなったらさびしいのだろう。

かあちゃんは、ブーア君《くん》をまじまじとながめると、置《お》いてあったもとの机《つくえ》の上にもどした。

それにしてもボロボロのぬいぐるみだなあ……。

わたしは、ブーア君《くん》がもとの位置《いち》におさめられたのを見とどけると、蘭丸にいちゃんの遺体《いたい》が置かれたリビングへと向《む》かった。

きららがわたしの後《あと》についてきた。

「ねえちゃん……蘭丸にいちゃんはどこに行くの？」

「天国ってところだよ」

「天国っておいしいもんとかあるの？」

「あるよ！　蘭丸にいちゃんの好《す》きなマグロだって、わたしの好《す》きなロー

ストビーフだって、なんでもあるんだよ」

「……へえ……楽しいところなんだね」

「それだけじゃない！　天国では、どんな犬もみんな幸《しあわ》せに暮《く》らしていけるんだ」

わたしはそう言いながら、あの動物愛護《どうぶつあいご》センターから二度《にど》と出ることができなかった犬たちのことを思った。

あの犬たちもきっと、きっと天国でなら優《やさ》しい飼《か》い主《ぬし》さんに出会えただろう——。

おなかいっぱいご馳走《ちそう》を食べていることだろう——。

「わたしたちも天国に行くの？」

「死《し》んだらね、みんな、みんな天国に行くんだよ」

「かあちゃんも？」

「さあね！　人間はみんな天国に行けるのかな？　悪《わる》い人間は、天国には行けないけど、まあ、かあちゃんはわたしたちがむかえに行ってあげれば、天国に行ける！」

「ふーん……。じゃあ、わたしたちが死《し》んだら蘭丸《らんまる》にいちゃん、むかえに来てくれる？」

「もちろん！」

「ふう……よかった！　でも、かあちゃんが先に死《し》んじゃったら？」

「かあちゃんも、とうちゃんも、わたしたちより先に死んじゃいけないんだ！　飼《か》い主《ぬし》は、自分の犬を最後《さいご》まで面倒《めんどう》見る。それが、飼い主っていうもんなんだよ」

きららは、ほっとしたように蘭丸にいちゃんを見ていた。

また会える──。

きっとまた天国で会えるんだから、蘭丸にいちゃん──。

わたしは自分にそう言い聞かせて、「今は、さよなら……だけど……またね！」と言った。

翌朝《よくあさ》も朝からカンカン照《で》りの蒸《む》し風呂《ぶろ》のような暑《あつ》さだった。

午前9時、かあちゃんととうちゃんは車でペット霊園《れいえん》へと向《む》かった。

わたしはその間、ブーア君《くん》をながめて、かあちゃんたちが帰ってくるのをまつことにした。

蘭丸《らんまる》にいちゃんは、きれいなお花がたくさん入ったバスケットに横《よこ》たわり、静《しず》かに灰《はい》になっていくのだろう……。

午後になって、蘭丸にいちゃんは、小さな骨《ほね》になって家にもどってきた。

「ほら、蘭丸、帰ってきたよ」

かあちゃんは、思ったほど落《お》ちこんではいなかった。

蘭丸にいちゃんを自分の手の中で看取《みと》ることができて、かあちゃんも思い残《のこ》すことはなかった。精《せい》いっぱい介護《かいご》ができて納得《なっとく》したのかもしれない。

蘭丸《らんまる》にいちゃんの骨壺《こつつぼ》のとなりに、蘭丸にいちゃんの遺影《いえい》がかざられた。かあちゃんが一番好《す》きな写真《しゃしん》で、とびっきりのイケメンショットだった。

骨壺《こつつぼ》には蘭丸にいちゃんがずっとしていたネックレスの迷子《まいご》プレートがかけられた。そのそばには子犬のころにしていた鈴《すず》のついた青い小さな首《くび》輪《わ》ときれいな宝石箱《ほうせきばこ》がひとつ……。

宝石箱の中には、蘭丸にいちゃんの乳歯《にゅうし》と亡《な》くなった時に切った毛が入っていた。

すべて、わたしたち家族《かぞく》の大切な思い出の品物《しなもの》だ。

「ねえちゃん、かあちゃんはわたしの赤ちゃんの歯《は》ももってるよね？」

「うん、あんたのもわたしのも、ちゃんと大切にもってるよ！　でもあんたは６本、蘭丸にいちゃんも６本、わたしのは８本！」

「えー！　どうしてねえちゃんのだけ、２本多いの？」

「見つけられた数が、わたしのだけ多かったんだよ……」

乳歯《にゅうし》は生後《せいご》4、5ヵ月から6ヵ月の間にぬけ落《お》ちて、永久歯《えいきゅうし》にかわる。かあちゃんたちはぬけた乳歯《にゅうし》を見つけては、ひろって大切に保管《ほかん》していたが、犬によってはぬけた乳歯を飲《の》みこんでしまうことも多いため、全部《ぜんぶ》がひろえるわけじゃない。

だから、数もその時によってまちまちだ。

それにしても、保管《ほかん》してある乳歯の数でいじけるなんて、きららはまだまだ子どもなんだなあとわたしは思った。


その夜、きららが寝静《ねしず》まると、わたしはいつもいっしょに寝ているとうちゃんの布団《ふとん》の中からぬけ出してリビングへと行き、蘭丸《らんまる》にいちゃんのお骨《こつ》のそばで丸まった。

今日は蘭丸にいちゃんのとなりで寝よう──。

蘭丸《らんまる》にいちゃんのことを思い出しながら、蘭丸にいちゃんにきちんと「ありがとう」を言いたかったんだ。

信《しん》じられないことが起《お》こったのは、その夜、おそくなってのことだ。机《つくえ》の上に置《お》いてあったボロボロのぬいぐるみ「ブーア君《くん》」が突然《とつぜん》、床《ゆか》にころげ落《お》ちてきたのだ。

今までこんなことは一度《いちど》もなかったのに、どうしたんだろう。

かあちゃんは全《まった》くおどろいた様子《ようす》を見せず、「蘭丸《らんまる》がお別《わか》れに来た」と、ブーア君《くん》を拾《ひろ》いあげた。

「蘭丸、天国でボール遊《あそ》びして、元気でまっていてね！」

かあちゃんはそれだけ言うと、何食わぬ顔でブーア君をもといた場所《ばしょ》にもどした。

すると、数分後、再《ふたた》びブーア君が落《お》ちてきたのだ。

今度《こんど》は、ぴょんと前に飛《と》びおりるかのような不自然《ふしぜん》な落《お》ち方だ。

わたしはかあちゃんに聞いた。

「また蘭丸にいちゃん？　今度はなんて言ってるの？」

ぼくのこと、忘《わす》れないでよ！

かあちゃんによると、蘭丸《らんまる》にいちゃんはそう言っていたそうだ。

世《よ》の中には信《しん》じられない不思議《ふしぎ》がいっぱいだ。

でも「信じられないことを信じること」で、毎日がほっとしたり、楽しくなったりすることもある。

たとえば、わたしたちとかあちゃん。

おたがい犬と人間だけど、かあちゃんはわたしが言っていることも蘭丸にいちゃんが言っていることも、きららの言っていることもちゃんと理解《りかい》しているし、わたしたち犬もかあちゃんの気もちをちゃんと理解できている。

信じる心があるから、わかりあえるし、信頼《しんらい》しあえる。それだけのことだ。

ブーア君《くん》が落《お》ちてきたのも、蘭丸《らんまる》にいちゃんがこの世《よ》で言い残《のこ》したことを、伝《つた》えにきたのだろう。

わたしはブーア君に向《む》かって「忘《わす》れないよ！　蘭丸にいちゃん！」と大きな声でちかった。

ブーア君事件《じけん》が起《お》きた一週間後、わたしたちは、いつも散歩《さんぽ》で走っていた海岸《かいがん》に、蘭丸にいちゃんのためにお花を持《も》って行くことにした。

かあちゃんが波打《なみう》ち際《ぎわ》に小さな花を置《お》くと、波が一瞬《いっしゅん》にしてそれをさらっていった。

「蘭丸……本当に、ここの海岸が好《す》きだったから……いっぱい、いっぱい散歩《さんぽ》して、走って、ボール遊《あそ》びしたから……、最後《さいご》にここにも来たかったよね……」

かあちゃんとうちゃんは目を閉《と》じて両手《りょうて》を合わせた。

夏の夕方の海辺《うみべ》は、波《なみ》がおだやかでとても気もちよかった。

わたしは、寄《よ》せては返《かえ》す波の音をじっと聞いていた。

真《ま》っ青《さお》な海を見渡《みわた》すと水平線《すいへいせん》が西日を受《う》けて、キラキラと光っている。

「ねえちゃん、天国ってあんなふうにきれいなところ?」

きららが言った。

「うん! きらら、今日は蘭丸《らんまる》にいちゃんの分まで、思い切り走るよ!」

わたしはきららに向《む》かって大きく砂浜《すなはま》の上でジャンプした。

エピローグ

ありがとう！　蘭丸《らんまる》にいちゃん

七夕《たなばた》の11歳《さい》のわたしのお誕生日《たんじょうび》は、盛大《せいだい》なローストビーフ・パーティーとかあちゃんのどんちゃんさわぎで無事《ぶじ》終《お》わった。

蘭丸《らんまる》にいちゃんの遺影《いえい》とお骨《こつ》がある祭壇《さいだん》には、例年《れいねん》のようにマグロと桃《もも》が添《そ》えられた。

「にいちゃん、わたしも、蘭丸にいちゃんが病気《びょうき》になった年と同じ年になったよ！　でも蘭丸にいちゃんの分まで元気でこれからも、いっぱい長生きするからね！」

わたしは蘭丸にいちゃんの遺影《いえい》に向《む》かって約束《やくそく》した。

蘭丸《らんまる》にいちゃんが大好《だいす》きだったテニスボールはまだたくさん残《のこ》っていて、今ではきららが蘭丸にいちゃんの分までボールを追《お》いかけて遊《あそ》んでいる。

ついでに言うと、蘭丸にいちゃんがいなくなってから、掃除機《そうじき》にかみつくのはきららの仕事《しごと》になったようだ。

かあちゃんは「蘭丸がいなくなったから、お米を研《と》ぐのがすっごく楽になったよ！」と言いながら、毎朝8時にガシャガシャとワイルドにお米を研いでいる。

観葉植物《かんようしょくぶつ》の水やりも楽になった。冷蔵庫《れいぞうこ》に先まわりされることもない。

「楽《らく》ちん！　楽ちん！」と、かあちゃんは言うけれど、お米を研ぐたびに、植物に水をあげるたびに、かあちゃんは、蘭丸にいちゃんのことを毎日話す。

人間という生《い》き物《もの》は、にくまれ口《ぐち》をたたくことで、悲《かな》しみをまぎらわすらしい。

思えば、蘭丸《らんまる》にいちゃんとかあちゃんとの思い出は、蘭丸にいちゃんの「いたずら」につきた――。

それなのに……かあちゃんは蘭丸にいちゃんが死《し》んだあと、何度《なんど》もこう言っていた。

蘭丸……ありがとうね……ありがとうね……

世話《せわ》をしていた人間が、世話をしてもらっていた犬にどうしてお礼《れい》なんか言うのだろう。

さんざんいたずらされて、家事《かじ》をじゃまされて、どうして「ありがとう」なんだろう。

最初《さいしょ》はよくわからなかったけど、今のわたしにならなんとなくわかるような気がした。

犬は飼《か》い主《ぬし》がいなければ生きてはいけない。

その命《いのち》のすべてを人間にゆだねている。

かあちゃんは、蘭丸《らんまる》にいちゃんを看取《みと》ることで、「命をあずかった責《せき》任《にん》」を全《まっと》うした。

犬を飼う、ということは、その命の最期《さいご》の最期の時まで責任をもつということ。

かあちゃんは、蘭丸にいちゃんから「命の輝《かがや》き」「命の価値《かち》」「命の尊《そん》厳《げん》」の意味《いみ》を身《み》をもって教《おし》えてもらったんだ。

だから……「ありがとう」だ。

かあちゃんは、蘭丸にいちゃんが亡《な》くなってから、わたしたちにも年《ねん》がら年中《ねんじゅう》、「ありがとう」と言うようになった。

朝起《お》きると「未来《みらい》ちゃん、今日も元気に起きてくれてありがとう」

夜寝《ね》る時は「未来ちゃん、今日も元気で一日いっしょにいてくれてあり

がとう」という具合《ぐあい》だ。

そんな当たり前のことに、かあちゃんは感謝《かんしゃ》するようになったんだ。

「かあちゃんは、どうして何でもないことにありがとうって言うの？」

きららがわたしに聞いた。

「当たり前のことが当たり前じゃないことに気づいたからだよ」

それは、蘭丸《らんまる》にいちゃんが教えてくれたことだった。

自分の犬が元気でいて、たくさんお散歩《さんぽ》に行けて、もりもりおいしそうにご飯《はん》を食べて――、それが当たり前だと思って、かあちゃんは蘭丸にいちゃんのお世話《せわ》をしてきた。

ところが、蘭丸にいちゃんが病気《びょうき》になってからその毎日は一変《いっぺん》した。

そしてかあちゃんは気づいたんだ。

「当たり前の毎日」こそが「きらきらした日々」であったこと。その「当たり前の毎日」にきちんと感謝《かんしゃ》することが、一日、一日を「大切《たいせつ》にする」

ことなんだって――。

だから「ありがとう」だ。

それだけじゃない。たくさん「ありがとう」っていう気もちをもつと、とても優《やさ》しい気もちになれるという。あのおっかないかあちゃんが優しい気もちになれるなんて、「ありがとう」って魔法《まほう》みたいな言葉《ことば》だ。

かあちゃんは、蘭丸《らんまる》にいちゃんの「病気《びょうき》」と「死《し》」からたくさん、たくさん、大切なことを勉強《べんきょう》したんだなあとわたしは思った。

かあちゃんは、蘭丸にいちゃんが死んだ後も至《いた》って元気に過《す》ごしていた。それは、いつか天国で必《かなら》ずまた蘭丸にいちゃんに会えると信《しん》じているからだった。

「かあちゃん！　日ごろから一所懸命《いっしょけんめい》、他人《たにん》のことを考えて、いい行《おこな》いをするようにね！　優《やさ》しい心でみんなに接《せっ》してね！　そうしないと死《し》んだら地獄《じごく》に行っちゃうよ」

「大丈夫《だいじょうぶ》！　大丈夫《だいじょうぶ》！　未来《みらい》ちゃんときららと蘭丸《らんまる》がちゃんとむかえに来て、天国に連《つ》れて行ってくれたらいいんだから」

何とも他力本願《たりきほんがん》な考え方だ━。

しかし、それもまんざら嘘《うそ》ではないらしい。

人間社会にはこんないい伝《つた》えがある。

家族《かぞく》から大切《たいせつ》にされていたペットは、飼《か》い主《ぬし》が死《し》ぬとき、必《かなら》ず天国から飼い主をむかえに来てくれます

それならなおさら、かあちゃんはわたしたち犬を「大切」にしなくちゃな、とわたしは思った。

かあちゃんは、このいい伝《つた》えにずいぶん救《すく》われたようだった。

いつかはまた天国で会える――。

その時まで、神様《かみさま》からもらった命《いのち》をきらきらと輝《かがや》かせなくちゃいけない。

人間も犬も、あたえられた命の限《かぎ》り、精《せい》いっぱい生きていかなくちゃならないんだ。


今《いま》ごろ、蘭丸《らんまる》にいちゃんは天国でどうしているのだろう……。

きっと、きっと――、蘭丸にいちゃんは、いつも天国からわたしたちを見《み》守《まも》ってくれているだろう――。

短《みじか》い足で、うさぎのようにはねまわり、ボールを追《お》いかけまわしているだろう――。

お米がたくさん入っている米びつを探《さが》しているだろう――。

まちがいない――。蘭丸《らんまる》にいちゃんは、きっと安心《あんしん》して笑顔《えがお》で毎日を過《す》ごしている。

あの日以来《いらい》、ブーア君《くん》が落《お》ちてくることは二度《にど》となかった──。
それは蘭丸にいちゃんが、天国で元気にしている証拠《しょうこ》だと、かあちゃんは言っていた。

（おわり）

あとがきにかえて

蘭丸《らんまる》、元気かい？

こちらはみんな元気だよ。未来《みらい》も10歳《さい》をこえておばあちゃんになったよ。

昼間はウトウトと寝《ね》ている事《こと》も多くなったけれど、ご飯《はん》の時は相《あい》変《か》わらず真っ先に来て我々《われわれ》の食事が終わるまでさいそくしているよ。

今でも学校の「命《いのち》の授業《じゅぎょう》」には喜《よろこ》んで行っている。

きららはきみの後を継《つ》いで掃除機《そうじき》に向かって毎朝ほえている。

ただし米びつには興味《きょうみ》がないようだけれどね。

十数年前に我《わ》が家《や》に蘭丸をむかえた時は夜鳴《よな》き、破壊行為《はかいこうい》、トイレの始《し》末《まつ》など毎日が戦争《せんそう》でした。リフォームし終わった後の壁紙《かべがみ》はボロボロに、家に帰ると観葉植物《かんようしょくぶつ》はなぎ倒《たお》されて、我《わ》が家《や》は小さな怪獣《かいじゅう》がいて家が破壊《はかい》しつくされてしまうのではないかと思ったほどです。子どものころに犬を飼《か》ったことがある経験《けいけん》から甘《あま》く見ていたのが大間違《おおまちが》いで、蘭丸《らんまる》を飼《か》い始めた当初《とうしょ》は大失敗《だいしっぱい》したと思ったものでした。

そして数年が経《た》ったころ、ペットショップで売っている犬や猫《ねこ》ではなく、捨《す》てられて居場所《いばしょ》のない動物たちを引《ひ》き取《と》り、飼《か》うということを知りました。

そこから来た子犬が未来《みらい》です。虐待《ぎゃくたい》を受け、捨てられた未来は我《わ》が家《や》に来たとき、我々《われわれ》飼《か》い主《ぬし》を一週間ほど観察《かんさつ》していました。

それでも犬が大好きな未来は蘭丸《らんまる》と遊びたくて、チョッかいばかり出すのですが、あまり犬が好きではない蘭丸は未来を無視《むし》。しつこく未来がかまうと蘭丸はいやがり、蘭丸と未来は最悪《さいあく》の雰囲気《ふんいき》で、後悔《こうかい》の連続《れんぞく》でした。

それでも時間が経《た》つと、場の空気を読めない蘭丸《らんまる》と、それとは対照的《たいしょうてき》な未来は相棒《あいぼう》のような存在《そんざい》になり、わがままな一人っ子だった蘭丸に、しっかりものの妹ができ、我《わ》が家《や》にも平和な生活が訪《おとず》れたのです。

美形の蘭丸はカメラマンである私《わたし》の格好《かっこう》の被写体《ひしゃたい》となり、幼少《ようしょう》のころから亡《な》くなる直前まで、我々《われわれ》に数多くの思い出（写真）を残してくれました。砂浜《すなはま》で走るシーン、ボール遊びで未来《みらい》やきららにボールをとられておこる顔、なかでも病気《びょうき》になりながらも、車いす姿《すがた》で満開《まんかい》の桜《さくら》の中でほほえむ姿《すがた》は、とても印象的《いんしょうてき》でした。すべての写真は蘭丸《らんまる》が生きてきた証《あかし》です。

読者のみなさまには、本書の中の写真とともに、命《いのち》のかがやきや命をあずかる大切さを、感じていただければ幸いです。

蘭丸、無性《むしょう》にきみに会いたくなる時があるんだ。
夢《ゆめ》でもいいから会いに来て——。

夢《ゆめ》のなかでいっしょにボール遊びをまたしよう。
何回でもとうちゃんがボールを投げてあげるよ。
そしてもっと沢山《たくさん》きみの写真を撮《と》りたかった——。

捨て犬・未来《みらい》ときらら、そして蘭丸《らんまる》のとうちゃん　浜田《はまだ》一男《かずお》

著者

今西乃子（いまにし のりこ）

一九六五年、大阪市岸和田市生まれ。

児童書のノンフィクションを手がけるかたわら、小・中学校などで「命の授業」を展開。

『ドッグ・シェルター』（金の星社）で第36回日本児童文学者協会新人賞を受賞。

著書に『犬たちをおくる日』（金の星社）、

『命のバトンタッチ』『しあわせのバトンタッチ』『捨て犬・未来と子犬のマーチ』

『ゆれるシッポの子犬・きらら』『捨て犬・未来、命の約束』（岩崎書店）などがある。

日本児童文学者協会会員。特定非営利活動法人 動物愛護社会化推進協会理事。

ホームページ http://www.noriyakko.com

写真

浜田一男（はまだ かずお）

一九五八年、千葉県市原市生まれ。東京写真専門学校（現東京ヴィジュアルアーツ）Tokyo Visual Arts 卒業。

二年間広告専門のスタジオでアシスタント。一九八四年、独立。一九九〇年、写真事務所を設立。

第21回日本広告写真家協会（APA）展入選。

現在、企業広告・PR、出版関係を中心に活動。世界の子どもたちの笑顔や日常生活をテーマに撮影している。

ホームページ http://www.mirainoshippo.com

写真協力　山口麻里子（8ページ）
組版協力　ニシ工芸社
デザイン　鈴木康彦

ノンフィクション・生きるチカラ23

捨て犬・未来、天国へのメッセージ

二〇一六年九月三〇日　第一刷発行
二〇一七年六月一五日　第二刷発行

著者　今西乃子
写真　浜田一男
発行者　岩崎夏海
発行所　岩崎書店
東京都文京区水道一-九-二　〒112-0005
電話 03-3812-9131（営業） 03-3813-5526（編集）
振替 00170-5-96822
印刷所　株式会社光陽メディア
製本所　株式会社若林製本工場
NDC916　Published by IWASAKI Publishing Co.,Ltd.　Printed in Japan

ISBN978-4-265-08037-3

ご意見・ご感想をおまちしています。
Email : hiroba@iwasakishoten.co.jp
岩崎書店ホームページ
http://www.iwasakishoten.co.jp

今西乃子の本

命《いのち》のバトンタッチ　障《しょう》がいを負《お》った犬《いぬ》・未来《みらい》

右目が切られ、足首《あしくび》のない子犬を殺処分《さっしょぶん》から救《すく》った里親ボランティアの活躍《かつやく》を描《えが》きます。

しあわせのバトンタッチ　障《しょう》がいを負《お》った犬《いぬ》・未来《みらい》、学校《がっこう》へ行《い》く

小学校や中学校へ「命の授業《じゅぎょう》」におとずれている未来。救《すく》われた命は何を伝えているのでしょうか。

捨《す》て犬・未来《みらい》と子犬《こいぬ》のマーチ　もう、安心《あんしん》していいんだよ

里親は次々に捨《す》て犬たちをあずかりはじめました。未来は先輩《せんぱい》として、子犬たちにいろいろなことを教えます。

東日本大震災《だいしんさい》・犬たちが避難《ひなん》した学校　捨《す》て犬・未来《みらい》　命《いのち》のメッセージ

東日本大震災から約一年がたった二〇一二年二月、未来は、被災地《ひさいち》の学校での「命の授業」に招《まね》かれました。

捨《す》て犬・未来《みらい》と捨てネコ・未来

捨てネコを引《ひ》き取《と》り、はじめてネコを飼《か》いはじめた家族《かぞく》と子ネコの様子《ようす》を、捨て犬・未来の目線《めせん》で描《えが》きます。

捨《す》て犬・未来《みらい》、命《いのち》の約束《やくそく》　和牛牧場《わぎゅうぼくじょう》をたずねて

「犬やネコの命と牛《うし》や豚《ぶた》の命はちがうの？」子どもたちの疑問《ぎもん》を受け、かあちゃんと未来は九州《きゅうしゅう》へ向《む》かいます。

ゆれるシッポの子犬《こいぬ》・きらら

保護《ほご》センターに収容《しゅうよう》された母犬、マル、きらら。やがて兄弟《きょうだい》のマルが引《ひ》き取《と》られ、お母さんもいなくなりました。

子犬のきららと捨《す》て犬・未来《みらい》　まあるい、まあるい、ふたつのシッポ

「未来」と「きらら」の出会《であ》いを通《とお》して、犬同士《どうし》のコミュニケーション、飼《か》い主《ぬし》との信頼関係《しんらいかんけい》を描《えが》きます。